공부 습관과 집중력을 길러 주는
단계별 계산력 향상 프로그램

비타민* 계산법

소담 주니어

공부 습관과 집중력을 길러 주는
단계별 계산력 향상 프로그램

비타민 ✳
계산법

2009년 1월 2일 초판 1쇄 펴냄

펴낸곳 | ㈜ 꿈소담이
펴낸이 | 김숙희
지은이 | 영재들의 창의학교

주소 | 136-023 서울특별시 성북구 성북동 1가 115-24 4층
전화 | 762-8566
팩스 | 762-8567
등록번호 | 제6-473호(2002년 9월 3일)

홈페이지 | www.dreamsodam.co.kr
전자우편 | isodam@dreamsodam.co.kr

● 책값은 뒤표지에 있습니다.

COVER DESIGN **THANKYOUMOTHER**

비타민 계산법만의 특별한 비밀

공부의 기초가 튼튼해져요

계산은 수학의 세계로 들어가는 관문입니다. 기초 계산 능력을 향상시킴으로써 숫자에 대한 감각을 익히고, 수학 공부의 기초를 튼튼히 할 수 있습니다. 그리고 수학은 논리적이고 합리적인 사고력과 문제 해결력을 길러 주는 학문이어서, 모든 학문에 기초 지식을 제공합니다. 수학 기초가 튼튼한 아이는 모든 공부를 쉽게 할 수 있습니다.

숫자에 대한 감각을 익히고 두뇌를 발달시켜요

계산은 아이의 뇌를 자극하여 두뇌를 발달시킵니다. 그리고 반복적으로 충분히 연습하다 보면 아이 스스로 숫자에 대한 감각을 익히고 계산의 논리를 깨우치게 됩니다. 공부는 누구나 익힐 수 있는 기술입니다. 공부를 잘하는 아이는 머리가 좋아서가 아니라 공부하는 기술을 터득한 것입니다.

집중력이 향상되어 공부 습관이 길러져요

시간을 재면서 문제를 풀다 보면 아이가 긴장하여 집중력이 생기고 학습 의욕이 생깁니다. 학습 의욕은 공부 습관으로 이어져 매일 조금씩 공부를 하다 보면 올바른 학습 습관을 형성하게 되고, 다른 공부까지 잘할 수 있는 학습 전이 현상을 경험할 수 있습니다.

성취감을 느껴 공부가 재미있어요

하루하루 늘어 가는 실력에 아이 스스로 놀라게 되고, 성취감을 맛본 아이는 공부에 재미를 느끼게 됩니다. 많은 문제를 경험하면서 자신감이 생긴 아이는 학습 의욕이 생겨, 공부하라고 다그치지 않아도 스스로 공부하는 아이가 됩니다.

단계별 학습으로 실력이 느는 게 보여요

『비타민 계산법』은 유아수학을 1~20단계, 초등수학을 21~120단계로 구성, 단계별로 완성도 있는 학습이 되도록 체계적으로 구성되어 있습니다. 단계에 따라 구체적인 학습 목표가 제시되어 있으며, 각 단계마다 10회의 반복 학습으로 충분히 연습할 수 있습니다. 기초-실력-완성편으로 구성된 학습을 하다 보면 점진적으로 실력을 향상시킬 수 있습니다.

비타민 계산법 활용법–
이렇게 지도해 주세요

1 능력에 맞는 단계에서 시작해 주세요

『비타민 계산법』은 실력에 따라 단계별로 구성된 교재입니다. 학년이나 나이와 상관없이 아이가 쉽게 느끼며 풀 수 있는 단계에서 시작해야 합니다. 그래야 아이가 공부에 대해 성취감과 자신감을 갖게 됩니다.

2 규칙적으로 꾸준히 공부할 수 있도록 해 주세요

단 10분이라도 매일 꾸준히 정해진 분량을 풀 수 있도록 지도해 주세요. 규칙적으로, 하루도 빠짐없이 공부하는 것이 중요합니다. 그래야 올바른 공부 습관을 몸에 익힐 수 있습니다.

3 계산 원리를 이해한 후 문제를 풀 수 있도록 해 주세요

기초적인 원리를 터득해야 논리적이고 합리적인 사고력을 기를 수 있습니다. 기초 원리를 이해하지 못한 채 기계적으로 문제를 풀다 보면, 응용된 문제를 만났을 경우 아이가 무척 어려워합니다. 계산이 느리고 집중력이 떨어지는 아이도 원리를 이해하면 학습에 흥미를 느끼게 됩니다.

4 완전 학습이 되도록 해 주세요

아이가 완전히 이해한 후 다음 단계로 넘어가 주세요. 능력에 맞는 학습 분량과 학습 시간을 체크해 가면서 학습 목표를 100% 달성하는 것이 중요합니다. 정답 확인을 하면서 내 아이에게 부족한 것이 무엇인지 꼼꼼히 체크해 보고, 주어진 학습 목표를 완전히 이해했는지 확인한 후 차근차근 다음 단계로 넘어가 주세요.

5 정해진 시간에 정해진 분량을 풀 수 있도록 지도해 주세요

시간을 재가면서 문제를 풀어야 정확성과 함께 속도 훈련을 할 수 있습니다. 문제를 빨리 풀면서 또한 정확하게 풀 수 있도록 반복적으로 학습시켜 주세요.

6 풀이 과정을 정확하게 적도록 해 주세요

계산 원리를 제대로 이해했는지 알 수 있도록 해 주는 것이 풀이 과정입니다. 어디를 모르는지, 어디서 잘못 풀었는지 알기 위해서는 풀이 과정을 지우지 말고 그대로 두어야 합니다. 아이가 틀리는 문제의 풀이 과정을 꼼꼼하게 살핀 후 부족한 부분을 지도해 주세요.

7 아이에게 칭찬과 격려를 해 주세요

아이가 조금 부족하더라도 칭찬과 격려를 해 주세요. 자신감이 생겨야 공부에 재미를 느끼게 되고, 성취감을 느끼게 됩니다.

비타민 계산법 시리즈
전 12권의 차례

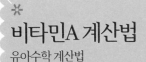

비타민A 계산법
유아수학 계산법

비타민B 계산법
초등수학 계산법

비타민 계산법 시리즈 전 12권의 차례

비타민D 계산법
초등수학 계산법

비타민 계산법 시리즈 전 12권의 차례

비타민D 계산법
초등수학 계산법

비타민E 계산법
초등수학 계산법

71단계

■ 학습 일정 관리표

	공부한 날	정답수	오답수	소요시간	표준완성시간
71-01호				분 초	
71-02호				분 초	
71-03호				분 초	
71-04호				분 초	1,2학년 : 정답 중심
71-05호				분 초	
71-06호				분 초	3,4학년 : 5분이내
71-07호				분 초	
71-08호				분 초	5,6학년 : 4분이내
71-09호				분 초	
71-10호				분 초	

세 자리 수끼리의 곱셈에서는 세 자리 이상의 수를 더해야 하기 때문에 받아올림을 여러 번 하게 됩니다. 먼저 받아올림이 두 번 있는 경우부터 학습해 봅시다.

❶
```
      2 4 8
  ×   5 2 4
      9 9 2
```

❶ 248 × 4를 계산하여 일의 자리부터 씁니다.

❷
```
      2 4 8
  ×   5 2 4
      9 9 2
    4 9 6 0
```

❷ 일의 자리는 비워 두고 248 × 2를 계산하여 십의 자리부터 씁니다.

❸
```
        2 4 8
  ×     5 2 4
        9 9 2
      4 9 6 0
  1 2 4 0 0 0
```

❸ 일의 자리와 십의 자리는 비워 두고 248 × 5를 계산하여 백의 자리부터 씁니다.

❹
```
        2 4 8
  ×     5 2 4
        9 9 2
      4 9 6 0
  1 2 4 0 0 0
  1 2 9 9 5 2
```

❹ 일의 자리부터 덧셈하여 값을 자리에 맞추어 씁니다. 십의 자리와 백의 자리에서의 받아올림에 주의하여 덧셈을 합니다.

지도내용 세 수를 더하는 과정에서 받아올림을 제대로 하였는지 주의하여 지도해 주세요.

■ 다음 곱셈을 하시오.

①
```
      2 9 7
  ×   4 1 3
```

②
```
      4 9 2
  ×   7 6 8
```

③
```
      4 3 6
  ×   5 8 4
```

④
```
      6 3 8
  ×   4 2 9
```

⑤
```
      7 2 6
  ×   8 7 4
```

⑥
```
      7 6 8
  ×   9 6 4
```

⑦
```
      6 8 3
  ×   9 6 2
```

⑧
```
      2 6 2
  ×   7 1 8
```

⑨
```
      9 8 2
  ×   6 8 9
```

세 자리 수 × 세 자리 수 (1)

분   초
/09

■ 다음 곱셈을 하시오.

①
```
    2 4 9
  × 1 3 7
```

②
```
    3 9 5
  × 8 8 4
```

③
```
    4 2 8
  × 3 7 5
```

④
```
    5 2 9
  × 4 3 7
```

⑤
```
    5 2 7
  × 7 6 8
```

⑥
```
    7 2 9
  × 2 8 6
```

⑦
```
    7 2 6
  × 2 9 8
```

⑧
```
    2 6 9
  × 4 6 2
```

⑨
```
    2 6 7
  × 8 6 9
```

■ 다음 곱셈을 하시오.

①
```
      2 4 5
  ×   5 8 3
```

②
```
      1 9 2
  ×   4 1 8
```

③
```
      3 8 6
  ×   9 2 4
```

④
```
      9 7 1
  ×   8 6 6
```

⑤
```
      4 5 8
  ×   6 2 9
```

⑥
```
      4 4 7
  ×   2 3 8
```

⑦
```
      2 7 3
  ×   8 6 5
```

⑧
```
      5 9 6
  ×   9 8 3
```

⑨
```
      3 1 9
  ×   7 2 4
```

■ 다음 곱셈을 하시오.

①
```
      2 3 7
×     2 8 2
```

②
```
      4 2 6
×     5 4 2
```

③
```
      9 7 8
×     5 4 6
```

④
```
      2 7 9
×     4 3 9
```

⑤
```
      6 2 4
×     7 4 6
```

⑥
```
      2 4 3
×     7 9 3
```

⑦
```
      6 8 7
×     4 1 7
```

⑧
```
      8 4 7
×     7 6 4
```

⑨
```
      3 9 3
×     4 8 6
```

■ 다음 곱셈을 하시오.

①
$$\begin{array}{r} 297 \\ \times\ 378 \end{array}$$

②
$$\begin{array}{r} 334 \\ \times\ 815 \end{array}$$

③
$$\begin{array}{r} 423 \\ \times\ 769 \end{array}$$

④
$$\begin{array}{r} 542 \\ \times\ 243 \end{array}$$

⑤
$$\begin{array}{r} 627 \\ \times\ 493 \end{array}$$

⑥
$$\begin{array}{r} 736 \\ \times\ 589 \end{array}$$

⑦
$$\begin{array}{r} 834 \\ \times\ 675 \end{array}$$

⑧
$$\begin{array}{r} 973 \\ \times\ 762 \end{array}$$

⑨
$$\begin{array}{r} 284 \\ \times\ 739 \end{array}$$

■ 다음 곱셈을 하시오.

①
```
    8 8 6
  × 3 8 5
```

②
```
    3 6 9
  × 2 4 8
```

③
```
    9 7 2
  × 5 4 3
```

④
```
    8 7 3
  × 3 2 7
```

⑤
```
    9 7 6
  × 8 9 2
```

⑥
```
    2 7 7
  × 9 3 8
```

⑦
```
    3 4 1
  × 3 8 5
```

⑧
```
    4 7 6
  × 2 2 9
```

⑨
```
    5 4 2
  × 2 4 3
```

세 자리 수 × 세 자리 수(1)

분   초
/09

■ 다음 곱셈을 하시오.

①
```
    2 5 3
  × 3 4 9
```

②
```
    4 5 3
  × 6 2 4
```

③
```
    7 9 2
  × 3 7 6
```

④
```
    5 6 9
  × 5 4 3
```

⑤
```
    7 8 4
  × 3 5 7
```

⑥
```
    7 5 3
  × 5 7 3
```

⑦
```
    8 2 4
  × 9 4 8
```

⑧
```
    2 7 5
  × 8 6 2
```

⑨
```
    3 5 3
  × 4 9 6
```

■ 다음 곱셈을 하시오.

①
```
      2 8 4
×     3 7 7
```

②
```
      7 6 3
×     4 9 6
```

③
```
      2 5 6
×     3 0 5
```

④
```
      8 6 5
×     1 9 6
```

⑤
```
      3 3 6
×     2 4 4
```

⑥
```
      9 4 3
×     2 5 6
```

⑦
```
      2 5 2
×     4 2 3
```

⑧
```
      3 6 9
×     4 9 2
```

⑨
```
      4 4 4
×     6 2 8
```

세 자리 수 × 세 자리 수 (1)

■ 다음 곱셈을 하시오.

①
```
    8 2 7
  × 4 6 2
```

②
```
    9 4 7
  × 8 5 3
```

③
```
    2 6 4
  × 5 9 6
```

④
```
    3 2 2
  × 5 2 4
```

⑤
```
    2 4 3
  × 6 9 9
```

⑥
```
    8 4 5
  × 2 6 4
```

⑦
```
    7 6 8
  × 3 5 3
```

⑧
```
    3 5 7
  × 7 5 2
```

⑨
```
    2 7 4
  × 8 5 7
```

세 자리 수 × 세 자리 수 (1)

■ 다음 곱셈을 하시오.

①
```
      2 1 9
  ×   3 6 2
```

②
```
      4 6 2
  ×   8 4 5
```

③
```
      5 7 8
  ×   2 7 4
```

④
```
      5 9 6
  ×   9 9 3
```

⑤
```
      7 6 8
  ×   7 4 9
```

⑥
```
      4 8 7
  ×   4 8 6
```

⑦
```
      8 1 8
  ×   9 2 4
```

⑧
```
      2 8 7
  ×   6 8 4
```

⑨
```
      4 3 6
  ×   3 8 3
```

72단계

■ 학습 일정 관리표

	공부한 날	정답수	오답수	소요시간	표준완성시간
72-01호				분 초	
72-02호				분 초	
72-03호				분 초	
72-04호				분 초	1,2학년 : 정답 중심
72-05호				분 초	
72-06호				분 초	3,4학년 : 5분이내
72-07호				분 초	
72-08호				분 초	5,6학년 : 4분이내
72-09호				분 초	
72-10호				분 초	

이번 단계는 세 자리 수와 세 자리 수의 곱셈에서 받아올림이 세 번 있는 경우를 학습합니다. 계산 과정은 71단계와 같으므로 받아올림에만 주의하면 쉽게 계산할 수 있습니다.

❶
```
      2 4 9
  ×   5 3 4
      9 9 6
```

❶ 249×4를 일의 자리부터 계산하여 씁니다.

❷
```
      2 4 9
  ×   5 3 4
      9 9 6
    7 4 7
```

❷ 일의 자리는 비워 두고 249×3을 십의 자리부터 계산하여 십의 자리부터 씁니다.

❸
```
      2 4 9
  ×   5 3 4
      9 9 6
    7 4 7
  1 2 4 5
```

❸ 일의 자리와 십의 자리는 비워 두고 249×5를 계산하여 백의 자리부터 씁니다.

❹
```
        2 4 9
  ×     5 3 4
        9 9 6
      4 9 6
  1 2 4 5
  1 3 2 9 6 6
```

❹ 일의 자리부터 덧셈하여 값을 자리에 맞추어 씁니다. 십·백·천의 자리의 받아올림에 주의하여 덧셈을 합니다.

지도내용 세 수를 더하는 과정에서 받아올림을 제대로 하였는지 주의하여 지도해 주세요.

비타민 C 72-01

세 자리 수 × 세 자리 수 (2)

분   초 /09

■ 다음 곱셈을 하시오.

①
```
    2 3 4
  × 3 4 5
```

②
```
    3 3 6
  × 4 3 5
```

③
```
    5 6 9
  × 6 4 8
```

④
```
    7 6 9
  × 8 5 2
```

⑤
```
    9 4 3
  × 4 7 4
```

⑥
```
    5 7 8
  × 4 6 8
```

⑦
```
    2 8 9
  × 3 4 7
```

⑧
```
    8 7 3
  × 7 2 5
```

⑨
```
    6 9 8
  × 7 4 2
```

■ 다음 곱셈을 하시오.

①
```
      9 6 7
  ×   4 4 7
```

②
```
      2 4 5
  ×   3 9 8
```

③
```
      8 9 5
  ×   8 6 2
```

④
```
      5 2 6
  ×   7 7 9
```

⑤
```
      3 7 4
  ×   6 8 5
```

⑥
```
      7 4 3
  ×   5 3 7
```

⑦
```
      9 8 3
  ×   4 2 5
```

⑧
```
      8 6 4
  ×   3 6 5
```

⑨
```
      8 7 4
  ×   2 3 5
```

세 자리 수 × 세 자리 수 (2)

■ 다음 곱셈을 하시오.

①
```
      5 9 9
  ×   5 4 9
```

②
```
      6 3 8
  ×   6 2 7
```

③
```
      9 4 3
  ×   4 6 4
```

④
```
      5 4 3
  ×   4 7 7
```

⑤
```
      6 8 8
  ×   3 4 7
```

⑥
```
      7 7 9
  ×   6 2 5
```

⑦
```
      2 5 4
  ×   3 8 8
```

⑧
```
      3 4 6
  ×   4 9 7
```

⑨
```
      4 2 5
  ×   3 8 9
```

세 자리 수 × 세 자리 수 (2)

■ 다음 곱셈을 하시오.

①
```
      2 7 5
  ×   3 4 7
```

②
```
      4 4 8
  ×   7 8 5
```

③
```
      4 7 5
  ×   5 6 4
```

④
```
      5 4 9
  ×   6 2 6
```

⑤
```
      7 5 3
  ×   9 4 7
```

⑥
```
      6 9 3
  ×   7 8 9
```

⑦
```
      8 5 4
  ×   8 7 3
```

⑧
```
      9 5 7
  ×   4 6 3
```

⑨
```
      4 4 5
  ×   8 6 4
```

세 자리 수 × 세 자리 수 (2)

■ 다음 곱셈을 하시오.

①
```
    5 8 7
×   3 7 2
```

②
```
    5 7 4
×   7 3 4
```

③
```
    4 6 4
×   5 4 8
```

④
```
    7 4 4
×   5 9 9
```

⑤
```
    3 9 2
×   6 7 6
```

⑥
```
    9 8 7
×   4 5 6
```

⑦
```
    6 5 4
×   3 2 1
```

⑧
```
    3 6 6
×   7 4 8
```

⑨
```
    4 6 9
×   5 7 8
```

세 자리 수 × 세 자리 수 (2)

분   초
/09

■ 다음 곱셈을 하시오.

①
```
    2 9 4
  × 3 1 7
```

②
```
    3 5 2
  × 9 4 7
```

③
```
    4 2 4
  × 9 2 5
```

④
```
    5 5 1
  × 8 7 9
```

⑤
```
    6 6 1
  × 8 8 9
```

⑥
```
    7 4 2
  × 5 2 3
```

⑦
```
    8 2 7
  × 6 7 7
```

⑧
```
    9 6 4
  × 9 2 6
```

⑨
```
    3 6 5
  × 8 9 7
```

■ 다음 곱셈을 하시오.

①
```
    2 9 5
×   1 4 1
```

②
```
    3 7 7
×   3 6 5
```

③
```
    9 1 2
×   4 7 8
```

④
```
    4 4 7
×   2 2 9
```

⑤
```
    5 7 9
×   5 8 7
```

⑥
```
    6 9 4
×   8 6 2
```

⑦
```
    9 2 6
×   4 5 9
```

⑧
```
    5 6 8
×   9 9 7
```

⑨
```
    7 8 5
×   9 5 4
```

세 자리 수 × 세 자리 수 (2)

■ 다음 곱셈을 하시오.

①
```
    2 4 7
  × 4 2 8
```

②
```
    3 6 5
  × 2 8 8
```

③
```
    4 4 6
  × 2 9 2
```

④
```
    5 6 3
  × 3 6 6
```

⑤
```
    6 5 6
  × 9 3 3
```

⑥
```
    7 8 2
  × 5 4 7
```

⑦
```
    8 2 4
  × 3 6 8
```

⑧
```
    6 8 7
  × 9 4 8
```

⑨
```
    2 5 6
  × 7 9 6
```

세 자리 수 × 세 자리 수 (2)

■ 다음 곱셈을 하시오.

①
```
    2 3 7
  × 9 8 4
```

②
```
    3 8 9
  × 7 5 2
```

③
```
    4 7 8
  × 2 6 4
```

④
```
    5 7 5
  × 6 3 8
```

⑤
```
    6 6 8
  × 8 4 7
```

⑥
```
    7 3 8
  × 5 4 5
```

⑦
```
    7 6 9
  × 3 5 6
```

⑧
```
    5 9 5
  × 6 3 8
```

⑨
```
    2 7 6
  × 8 3 7
```

세 자리 수 × 세 자리 수 (2)

■ 다음 곱셈을 하시오.

①
```
    2 7 9
×   1 6 4
```

②
```
    3 4 8
×   5 1 7
```

③
```
    4 2 9
×   2 6 8
```

④
```
    5 4 9
×   7 3 9
```

⑤
```
    6 2 9
×   6 3 8
```

⑥
```
    7 3 9
×   2 5 3
```

⑦
```
    8 8 3
×   7 2 4
```

⑧
```
    9 5 8
×   4 7 7
```

⑨
```
    4 6 6
×   4 3 3
```

73단계

교재 번호 : 73:01~73:10

■ 학습 일정 관리표

	공부한 날	정답수	오답수	소요시간	표준완성시간
73-01호				분 초	
73-02호				분 초	
73-03호				분 초	
73-04호				분 초	1,2학년 : 정답 중심
73-05호				분 초	
73-06호				분 초	3,4학년 : 5분이내
73-07호				분 초	
73-08호				분 초	5,6학년 : 4분이내
73-09호				분 초	
73-10호				분 초	

세 자리 수와 세 자리 수의 곱셈에서 받아올림이 네 번 있는 경우를 학습하며, 계산 과정은 전 단계와 같으므로 받아올림에만 주의하면 쉽게 계산할 수 있습니다.

❶
```
    7 2 8
  ×  9 6 5
  3 6 4 0
```

❶ 728×5를 계산하여 일의 자리부터 씁니다.

❷
```
    7 2 8
  ×  9 6 5
  3 6 4 0
4 3 6 8
```

❷ 일의 자리는 비워 두고 728×6을 계산하여 십의 자리부터 씁니다.

❸
```
    7 2 8
  ×  9 6 5
  3 6 4 0
4 3 6 8
6 5 5 2
```

❸ 일의 자리와 십의 자리는 비워 두고 728×9를 계산하여 백의 자리부터 씁니다.

❹
```
      7 2 8
  ×    9 6 5
    3 6 4 0
  4 3 6 8
6 5 5 2
7 0 2 5 2 0
```

❹ 일의 자리부터 덧셈하여 값을 자리에 맞추어 씁니다. 십·백·천의 자리의 받아올림에 주의하여 덧셈을 합니다.

지도내용 받아올림이 네 번 있는 경우 받아올린 수를 빠뜨리지 않고 덧셈하였는지 주의하여 지도해 주세요.

세 자리 수 × 세 자리 수 (3)

■ 다음 곱셈을 하시오.

①
```
      2 3 9
   ×  3 8 7
```

②
```
      4 7 2
   ×  8 5 6
```

③
```
      5 8 2
   ×  6 9 4
```

④
```
      5 7 6
   ×  6 9 3
```

⑤
```
      7 3 5
   ×  5 9 6
```

⑥
```
      4 2 8
   ×  9 8 5
```

⑦
```
      8 2 9
   ×  9 4 5
```

⑧
```
      2 7 3
   ×  9 2 3
```

⑨
```
      7 6 4
   ×  9 9 6
```

세 자리 수 × 세 자리 수 (3)

■ 다음 곱셈을 하시오.

①
$$\begin{array}{r} 9\ 1\ 2 \\ \times\ 3\ 8\ 4 \\ \hline \end{array}$$

②
$$\begin{array}{r} 2\ 6\ 3 \\ \times\ 6\ 4\ 3 \\ \hline \end{array}$$

③
$$\begin{array}{r} 1\ 6\ 4 \\ \times\ 7\ 6\ 8 \\ \hline \end{array}$$

④
$$\begin{array}{r} 6\ 9\ 5 \\ \times\ 7\ 8\ 2 \\ \hline \end{array}$$

⑤
$$\begin{array}{r} 3\ 9\ 6 \\ \times\ 8\ 6\ 5 \\ \hline \end{array}$$

⑥
$$\begin{array}{r} 8\ 6\ 7 \\ \times\ 7\ 8\ 4 \\ \hline \end{array}$$

⑦
$$\begin{array}{r} 8\ 6\ 7 \\ \times\ 3\ 4\ 5 \\ \hline \end{array}$$

⑧
$$\begin{array}{r} 1\ 2\ 3 \\ \times\ 9\ 8\ 7 \\ \hline \end{array}$$

⑨
$$\begin{array}{r} 9\ 4\ 3 \\ \times\ 2\ 1\ 8 \\ \hline \end{array}$$

■ 다음 곱셈을 하시오.

①
```
      3 4 1
  ×   2 9 8
```

②
```
      8 7 6
  ×   2 3 5
```

③
```
      4 7 6
  ×   4 1 2
```

④
```
      3 9 6
  ×   6 5 7
```

⑤
```
      7 9 8
  ×   3 6 4
```

⑥
```
      8 6 6
  ×   8 7 5
```

⑦
```
      7 8 1
  ×   8 6 8
```

⑧
```
      6 3 2
  ×   4 9 4
```

⑨
```
      3 8 9
  ×   2 2 7
```

세 자리 수 × 세 자리 수 (3)

분   초
/09

■ 다음 곱셈을 하시오.

①
```
    2 3 5
  × 9 8 5
```

②
```
    3 8 1
  × 5 8 7
```

③
```
    4 7 4
  × 6 9 2
```

④
```
    5 9 6
  × 4 3 6
```

⑤
```
    6 2 8
  × 4 4 9
```

⑥
```
    7 3 5
  × 9 8 5
```

⑦
```
    8 2 3
  × 9 2 9
```

⑧
```
    9 4 3
  × 7 6 5
```

⑨
```
    2 7 6
  × 7 9 3
```

■ 다음 곱셈을 하시오.

①
```
      2 3 8
  ×   3 8 4
```

②
```
      7 2 9
  ×   4 3 7
```

③
```
      6 6 4
  ×   2 8 9
```

④
```
      9 4 2
  ×   7 9 6
```

⑤
```
      3 2 9
  ×   8 4 7
```

⑥
```
      7 6 9
  ×   5 2 3
```

⑦
```
      2 1 9
  ×   4 0 7
```

⑧
```
      3 6 5
  ×   4 1 2
```

⑨
```
      6 2 3
  ×   9 8 8
```

■ 다음 곱셈을 하시오.

①
```
    2 5 4
  × 3 4 6
```

②
```
    2 8 6
  × 8 7 3
```

③
```
    6 8 4
  × 9 8 2
```

④
```
    5 4 2
  × 6 7 3
```

⑤
```
    7 3 4
  × 5 7 8
```

⑥
```
    4 8 7
  × 9 7 4
```

⑦
```
    8 4 3
  × 9 6 8
```

⑧
```
    4 2 9
  × 4 6 3
```

⑨
```
    7 5 2
  × 2 9 8
```

세 자리 수 × 세 자리 수 (3)

■ 다음 곱셈을 하시오.

①
```
      5 4 8
  ×   2 5 7
```

②
```
      6 7 7
  ×   3 4 8
```

③
```
      7 3 4
  ×   4 9 7
```

④
```
      8 4 3
  ×   3 4 6
```

⑤
```
      9 6 2
  ×   8 7 5
```

⑥
```
      4 2 8
  ×   9 9 2
```

⑦
```
      8 4 5
  ×   7 5 3
```

⑧
```
      8 6 3
  ×   4 4 3
```

⑨
```
      9 6 2
  ×   7 8 5
```

■ 다음 곱셈을 하시오.

①
```
      2 6 2
   ×  5 7 4
```

②
```
      3 7 9
   ×  5 6 8
```

③
```
      4 8 2
   ×  5 8 6
```

④
```
      5 9 8
   ×  7 4 3
```

⑤
```
      6 4 2
   ×  3 8 9
```

⑥
```
      7 3 4
   ×  8 4 8
```

⑦
```
      8 7 5
   ×  2 6 9
```

⑧
```
      9 1 2
   ×  9 4 5
```

⑨
```
      4 5 6
   ×  3 7 7
```

세 자리 수 × 세 자리 수 (3)

■ 다음 곱셈을 하시오.

①
```
    3 4 6
  ×　2 3 6
```

②
```
    9 5 6
  ×　7 8 3
```

③
```
    8 2 5
  ×　8 4 6
```

④
```
    9 5 3
  ×　4 7 8
```

⑤
```
    4 6 9
  ×　2 8 3
```

⑥
```
    3 8 7
  ×　4 8 4
```

⑦
```
    6 8 5
  ×　7 2 9
```

⑧
```
    4 9 5
  ×　1 9 2
```

⑨
```
    7 4 5
  ×　3 7 6
```

세 자리 수 × 세 자리 수 (3)

분   초

/09

■ 다음 곱셈을 하시오.

①
```
    9 8 2
  × 4 6 3
```

②
```
    2 8 6
  × 3 7 8
```

③
```
    9 7 4
  × 5 8 2
```

④
```
    7 5 2
  × 4 2 9
```

⑤
```
    4 5 7
  × 8 4 3
```

⑥
```
    6 7 9
  × 4 8 7
```

⑦
```
    2 9 3
  × 5 4 6
```

⑧
```
    4 3 7
  × 1 8 8
```

⑨
```
    2 8 9
  × 5 9 6
```

74 단계

■ 학습 일정 관리표

	공부한 날	정답수	오답수	소요시간	표준완성시간
74-01호				분 초	
74-02호				분 초	
74-03호				분 초	
74-04호				분 초	1,2학년 : 정답중심
74-05호				분 초	
74-06호				분 초	3,4학년 : 5분이내
74-07호				분 초	
74-08호				분 초	5,6학년 : 4분이내
74-09호				분 초	
74-10호				분 초	

이번 단계는 세 자리 수 ÷ 한 자리 수에서 나머지가 없으며, 나눗셈에서 나머지는 나누는 수보다 작아야 합니다.

⊙ 나머지가 없는 세 자리 수와 한 자리 수의 나눗셈

❶
```
        8
   2 ) 1 7 2
       1 6
```

❶ 1을 2로 나눌 수 없으므로 17을 2로 나누어 줍니다. 2×8은 16이므로 8을 7 위에 적고 16을 17 밑에 적습니다.

❷
```
        8
   2 ) 1 7 2
       1 6
           1 2
```

❷ 17에서 16을 뺀 결과인 1을 내려 적고, 일의 자리 수 2를 그대로 내려 적습니다.

❸
```
        8 6
   2 ) 1 7 2
       1 6
           1 2
           1 2
               0
```

❸ 2×6은 12이므로 일의 자리에 6을 적고 12 아래 12라고 적습니다. 12에서 12를 빼면 0이므로 나머지는 0, 몫은 86입니다.
나머지가 0인 경우를 '나머지가 없다' 라고도 합니다.

지도내용 지난 단계에서 나눗셈을 충분히 공부한 학생이라면 쉽게 풀 수 있는 단계입니다.
받아내림이 있는 뺄셈에 유의하여 문제를 풀도록 지도해 주세요.

나머지가 없는

세 자리 수 ÷ 한 자리 수

분   초

/16

■ 다음 나눗셈을 하시오.

① $2\overline{)192}$

② $3\overline{)129}$

③ $4\overline{)368}$

④ $5\overline{)465}$

⑤ $6\overline{)588}$

⑥ $7\overline{)637}$

⑦ $5\overline{)375}$

⑧ $2\overline{)174}$

⑨ $2\overline{)156}$

⑩ $3\overline{)225}$

⑪ $4\overline{)296}$

⑫ $5\overline{)485}$

⑬ $6\overline{)420}$

⑭ $7\overline{)532}$

⑮ $8\overline{)712}$

⑯ $9\overline{)693}$

■ 다음 나눗셈을 하시오.

① 9) 3 0 6

② 8) 4 1 6

③ 7) 2 4 5

④ 6) 5 3 4

⑤ 5) 4 1 0

⑥ 4) 3 0 8

⑦ 4) 2 3 6

⑧ 3) 2 1 9

⑨ 2) 1 7 8

⑩ 2) 1 5 4

⑪ 6) 4 6 8

⑫ 7) 5 3 2

⑬ 9) 2 4 3

⑭ 4) 3 4 4

⑮ 3) 2 1 9

⑯ 2) 1 7 8

나머지가 없는

세 자리 수 ÷ 한 자리 수

분   초

/16

■ 다음 나눗셈을 하시오.

① 3) 2 4 6

② 2) 1 3 4

③ 4) 3 0 0

④ 5) 4 1 5

⑤ 6) 5 1 0

⑥ 3) 2 8 5

⑦ 7) 6 2 3

⑧ 6) 4 3 2

⑨ 8) 5 1 2

⑩ 4) 3 5 6

⑪ 5) 1 6 5

⑫ 9) 3 2 4

⑬ 8) 4 3 2

⑭ 7) 4 2 7

⑮ 6) 3 6 6

⑯ 5) 2 4 5

■ 다음 나눗셈을 하시오.

① 9) 5 4 0

② 8) 6 2 4

③ 7) 9 3 1

④ 6) 7 4 4

⑤ 5) 3 4 5

⑥ 4) 3 0 4

⑦ 3) 2 5 2

⑧ 2) 1 5 2

⑨ 2) 1 1 2

⑩ 3) 2 2 8

⑪ 4) 3 6 8

⑫ 5) 3 4 5

⑬ 6) 4 2 0

⑭ 7) 5 1 1

⑮ 8) 6 9 6

⑯ 9) 3 5 1

■ 다음 나눗셈을 하시오.

① 3⟌222

② 5⟌355

③ 7⟌525

④ 9⟌648

⑤ 2⟌136

⑥ 4⟌312

⑦ 6⟌516

⑧ 8⟌736

⑨ 5⟌405

⑩ 4⟌248

⑪ 3⟌102

⑫ 2⟌174

⑬ 9⟌693

⑭ 8⟌624

⑮ 7⟌427

⑯ 6⟌258

나머지가 없는
세 자리 수 ÷ 한 자리 수

분   초

/16

■ 다음 나눗셈을 하시오.

① 5) 2 7 5

② 6) 4 1 4

③ 7) 3 2 2

④ 4) 2 7 2

⑤ 2) 1 7 2

⑥ 3) 2 6 7

⑦ 8) 4 8 0

⑧ 9) 6 9 3

⑨ 5) 3 6 0

⑩ 3) 1 4 1

⑪ 4) 2 5 2

⑫ 6) 4 5 6

⑬ 7) 2 3 8

⑭ 5) 3 6 5

⑮ 6) 4 5 6

⑯ 7) 2 2 4

나머지가 없는

세 자리 수 ÷ 한 자리 수

분   초

/16

■ 다음 나눗셈을 하시오.

① 5)265

② 5)485

③ 7)553

④ 6)348

⑤ 8)368

⑥ 9)135

⑦ 3)204

⑧ 4)336

⑨ 6)594

⑩ 7)469

⑪ 8)520

⑫ 9)612

⑬ 3)147

⑭ 2)118

⑮ 5)400

⑯ 6)546

■ 다음 나눗셈을 하시오.

① 3) 1 4 4

② 5) 2 6 5

③ 4) 2 5 6

④ 6) 5 3 4

⑤ 7) 1 6 8

⑥ 2) 1 7 2

⑦ 9) 4 4 1

⑧ 8) 3 0 4

⑨ 6) 2 9 4

⑩ 5) 1 9 0

⑪ 4) 3 0 8

⑫ 3) 2 2 2

⑬ 5) 4 1 5

⑭ 7) 6 9 3

⑮ 8) 4 5 6

⑯ 9) 2 3 4

비타민 C
74-09

나머지가 없는
세 자리 수 ÷ 한 자리 수

분　　초
/16

■ 다음 나눗셈을 하시오.

① 7)532

② 4)124

③ 9)108

④ 3)111

⑤ 5)320

⑥ 9)522

⑦ 8)288

⑧ 6)510

⑨ 3)147

⑩ 8)424

⑪ 9)513

⑫ 8)624

⑬ 7)231

⑭ 7)539

⑮ 3)162

⑯ 2)184

■ 다음 나눗셈을 하시오.

① 3) 2 0 1

② 7) 6 3 0

③ 6) 5 4 6

④ 6) 3 1 2

⑤ 5) 2 3 0

⑥ 5) 4 8 5

⑦ 3) 1 1 7

⑧ 8) 2 3 2

⑨ 9) 6 9 3

⑩ 8) 4 0 8

⑪ 5) 4 8 0

⑫ 7) 3 1 5

⑬ 8) 1 1 2

⑭ 9) 2 1 6

⑮ 8) 3 3 6

⑯ 5) 1 9 0

75단계

■ 학습 일정 관리표

	공부한 날	정답수	오답수	소요시간	표준완성시간
75-01호				분 초	
75-02호				분 초	
75-03호				분 초	
75-04호				분 초	1,2학년 : 정답 중심
75-05호				분 초	
75-06호				분 초	3,4학년 : 5분이내
75-07호				분 초	
75-08호				분 초	5,6학년 : 4분이내
75-09호				분 초	
75-10호				분 초	

75단계

나머지가 있는
세 자 리 수 ÷ 한 자 리 수

세 자리 수와 한 자리 수의 나눗셈에서 나머지가 있는 나눗셈을 살펴보겠습니다.
앞 단계에서 배운 내용과 계산 방법은 같습니다.

⊙ 나머지가 있는 세 자리 수와 한 자리 수의 나눗셈

❶

$$\begin{array}{r} 2 \\ 6\overline{)149} \\ 12 \end{array}$$

❶ 1을 6으로 나눌 수 없으므로 14를 6으로 나누어야
합니다. 6×2는 12이므로 2를 십의 자리 위에 쓰고
12를 14 밑에 씁니다.

❷

$$\begin{array}{r} 2 \\ 6\overline{)149} \\ 12 \\ \hline 29 \end{array}$$

❷ 14에서 12를 뺀 결과인 2를 십의 자리 밑에 쓰고
9를 내려 씁니다.

❸

$$\begin{array}{r} 24 \\ 6\overline{)149} \\ 12 \\ \hline 29 \\ 24 \end{array}$$

❸ 29를 넘지 않는 6의 배수를 생각합니다. 6×4는
24이므로 29 밑에 24를 쓰고 몫의 일의 자리에
4를 씁니다.

❹

$$\begin{array}{r} 24 \\ 6\overline{)149} \\ 12 \\ \hline 29 \\ 24 \\ \hline 5 \end{array}$$

❹ 29에서 24를 뺀 결과는 5이므로 몫은 24,
나머지는 5입니다.

지도내용 나머지가 있는 나눗셈의 경우도 나머지와 없는 나눗셈과 크게 다르지 않습니다. 반복
연습하여 계산 속도가 향상될 수 있도록 지도해 주세요.

나머지가 있는
세 자리 수 ÷ 한 자리 수

분   초
/16

■ 다음 나눗셈을 하시오.

① 4) 3 4 7

② 5) 2 6 8

③ 7) 3 4 2

④ 9) 5 3 0

⑤ 6) 5 3 2

⑥ 7) 1 1 4

⑦ 6) 1 5 0

⑧ 8) 3 1 1

⑨ 2) 1 4 7

⑩ 3) 2 6 3

⑪ 7) 6 4 2

⑫ 9) 6 1 2

⑬ 5) 4 4 3

⑭ 8) 4 0 4

⑮ 9) 7 5 4

⑯ 8) 6 5 7

나머지가 있는
세 자리 수 ÷ 한 자리 수

분   초
/16

■ 다음 나눗셈을 하시오.

① 5) 2 1 6

② 6) 4 8 3

③ 7) 5 2 9

④ 5) 3 7 2

⑤ 4) 1 6 8

⑥ 6) 3 4 7

⑦ 9) 2 4 8

⑧ 8) 3 2 3

⑨ 6) 1 4 9

⑩ 3) 2 7 5

⑪ 2) 1 1 9

⑫ 2) 1 0 9

⑬ 3) 1 8 7

⑭ 4) 3 1 4

⑮ 5) 4 8 3

⑯ 6) 4 4 8

■ 다음 나눗셈을 하시오.

① 7) 2 0 3

② 8) 4 1 5

③ 6) 5 1 8

④ 8) 5 1 4

⑤ 7) 5 3 4

⑥ 9) 4 6 0

⑦ 3) 2 5 9

⑧ 4) 2 5 9

⑨ 5) 4 3 8

⑩ 9) 2 7 0

⑪ 6) 3 2 4

⑫ 4) 5 0 4

⑬ 4) 1 2 6

⑭ 9) 3 6 2

⑮ 6) 5 1 4

⑯ 7) 3 1 2

■ 다음 나눗셈을 하시오.

① 7) 3 2 2

② 6) 4 1 3

③ 7) 4 3 5

④ 8) 7 1 9

⑤ 9) 3 2 4

⑥ 5) 2 9 3

⑦ 6) 1 4 6

⑧ 4) 1 1 3

⑨ 3) 1 9 4

⑩ 6) 5 3 6

⑪ 6) 3 9 2

⑫ 8) 2 7 4

⑬ 9) 7 4 8

⑭ 3) 2 9 4

⑮ 4) 3 9 3

⑯ 9) 8 4 3

나머지가 있는
세 자리 수 ÷ 한 자리 수

분   초

/16

■ 다음 나눗셈을 하시오.

① 7) 4 3 6

② 9) 5 2 3

③ 8) 1 2 4

④ 3) 1 1 0

⑤ 6) 2 9 1

⑥ 8) 7 1 8

⑦ 9) 2 5 4

⑧ 6) 5 8 3

⑨ 9) 2 6 3

⑩ 2) 1 7 3

⑪ 3) 1 0 1

⑫ 5) 4 3 6

⑬ 7) 5 4 0

⑭ 5) 4 8 2

⑮ 7) 5 3 8

⑯ 6) 4 5 6

■ 다음 나눗셈을 하시오.

① 6) 2 0 4

② 8) 6 3 4

③ 4) 2 7 5

④ 9) 3 2 9

⑤ 5) 2 4 3

⑥ 8) 1 7 3

⑦ 4) 1 4 9

⑧ 8) 2 3 2

⑨ 9) 5 1 6

⑩ 8) 3 4 7

⑪ 8) 6 3 1

⑫ 7) 1 2 1

⑬ 8) 4 9 3

⑭ 2) 1 0 9

⑮ 3) 2 7 6

⑯ 4) 3 4 9

■ 다음 나눗셈을 하시오.

① 7) 5 3 2

② 3) 2 9 1

③ 8) 2 3 6

④ 6) 5 3 5

⑤ 5) 4 7 3

⑥ 7) 4 5 2

⑦ 8) 6 2 0

⑧ 8) 2 1 6

⑨ 2) 1 4 7

⑩ 4) 3 5 6

⑪ 9) 1 2 4

⑫ 7) 5 3 1

⑬ 7) 4 5 3

⑭ 8) 2 3 4

⑮ 6) 5 2 3

⑯ 7) 4 8 3

나머지가 있는
세 자리 수 ÷ 한 자리 수

분   초
/16

■ 다음 나눗셈을 하시오.

① 8) 3 1 4

② 5) 2 3 3

③ 6) 4 1 5

④ 7) 6 2 3

⑤ 9) 7 1 6

⑥ 4) 3 4 7

⑦ 3) 2 4 8

⑧ 2) 1 4 9

⑨ 7) 6 1 2

⑩ 6) 5 9 3

⑪ 5) 4 8 8

⑫ 4) 3 8 2

⑬ 3) 2 9 2

⑭ 4) 3 4 1

⑮ 5) 4 9 8

⑯ 7) 3 4 6

■ 다음 나눗셈을 하시오.

① 5) 2 2 4

② 8) 4 3 3

③ 8) 5 2 6

④ 7) 6 1 2

⑤ 6) 5 5 4

⑥ 9) 4 4 3

⑦ 3) 2 5 6

⑧ 4) 3 8 7

⑨ 8) 4 5 6

⑩ 7) 3 4 7

⑪ 2) 1 9 6

⑫ 9) 6 4 1

⑬ 8) 3 4 2

⑭ 9) 4 4 3

⑮ 6) 4 9 3

⑯ 3) 2 7 5

나머지가 있는

세 자리 수 ÷ 한 자리 수

분   초

/16

■ 다음 나눗셈을 하시오.

① 7) 6 1 0

② 6) 3 3 3

③ 5) 4 2 8

④ 8) 6 0 4

⑤ 7) 6 2 3

⑥ 4) 2 1 4

⑦ 3) 2 6 9

⑧ 8) 6 3 2

⑨ 6) 2 3 0

⑩ 9) 3 4 3

⑪ 2) 1 5 3

⑫ 5) 1 6 4

⑬ 4) 2 7 9

⑭ 3) 2 8 3

⑮ 6) 3 4 9

⑯ 8) 6 0 0

76 단계

교재 번호 : 76:01~76:10

■ 학습 일정 관리표

	공부한 날	정답수	오답수	소요시간	표준완성시간
76-01호				분 초	
76-02호				분 초	
76-03호				분 초	
76-04호				분 초	1,2학년 : 정답 중심
76-05호				분 초	
76-06호				분 초	3,4학년 : 5분이내
76-07호				분 초	
76-08호				분 초	5,6학년 : 4분이내
76-09호				분 초	
76-10호				분 초	

세 자리 수와 두 자리 수의 나눗셈에서 나누는 수가 두 자리인 경우 몫을 생각하기가 어려울 수 있으므로 반복하여 익숙해지도록 합니다.

⊙ 세 자리 수와 두 자리 수의 나눗셈

❶

$$
\begin{array}{r}
2 \\
22\overline{\smash{)}6\,1\,5} \\
4\,4
\end{array}
$$

❶ 61÷22의 몫을 생각합니다. 22×2=44, 22×3 = 66 이므로 알맞은 몫은 2입니다. 몫의 십의 자리에 2를 쓰고 61 아래에 44를 씁니다.

❷

$$
\begin{array}{r}
2\,7 \\
22\overline{\smash{)}6\,1\,5} \\
4\,4 \\
\hline
1\,7\,5 \\
1\,5\,4
\end{array}
$$

❷ 61−44를 계산한 결과인 17을 44 아래 쓰고 5를 내려 씁니다. 175÷22의 몫을 생각합니다. 22×7=154, 22×8=1760이므로 알맞은 몫은 7입니다. 몫의 일의 자리에 7을 쓰고 175 밑에 154를 씁니다.

❸

$$
\begin{array}{r}
2\,7 \\
22\overline{\smash{)}6\,1\,5} \\
4\,4 \\
\hline
1\,7\,5 \\
1\,5\,4 \\
\hline
2\,1
\end{array}
$$

❸ 175−154를 계산한 결과는 21입니다. 그러므로 몫은 27, 나머지는 21입니다.

지도내용 나누는 수가 두 자리 수 이상인 경우에는 그 몫을 생각하는데 어려움을 느낄 수 있습니다. 반복 계산을 통해 익숙해질 수 있도록 지도해 주세요.

세 자리 수 ÷ 두 자리 수 (1)

분   초
/16

■ 다음 나눗셈을 하시오.

① 2 6) 8 5 4

② 3 4) 4 9 2

③ 3 5) 8 3 6

④ 4 4) 9 4 5

⑤ 8 6) 9 4 7

⑥ 2 5) 6 5 5

⑦ 2 2) 9 4 4

⑧ 2 6) 4 3 6

⑨ 3 8) 7 4 8

⑩ 2 4) 9 3 8

⑪ 5 9) 8 4 2

⑫ 1 3) 6 2 4

⑬ 6 0) 9 1 2

⑭ 4 8) 8 6 3

⑮ 2 8) 7 2 9

⑯ 1 8) 7 4 6

세 자리 수 ÷ 두 자리 수 (1)

■ 다음 나눗셈을 하시오.

① 62)841

② 38)945

③ 76)960

④ 13)551

⑤ 26)436

⑥ 19)518

⑦ 42)847

⑧ 57)743

⑨ 62)916

⑩ 88)907

⑪ 14)416

⑫ 27)369

⑬ 38)429

⑭ 46)699

⑮ 53)746

⑯ 82)969

■ 다음 나눗셈을 하시오.

① 1 3) 8 4 5

② 3 6) 6 7 4

③ 4 9) 9 5 2

④ 5 2) 7 4 3

⑤ 6 6) 8 7 3

⑥ 7 4) 9 4 4

⑦ 8 1) 8 3 3

⑧ 6 3) 7 6 5

⑨ 2 6) 6 5 4

⑩ 3 4) 5 8 7

⑪ 4 5) 5 5 9

⑫ 5 7) 8 2 4

⑬ 6 8) 7 2 4

⑭ 7 7) 8 9 3

⑮ 8 9) 9 9 9

⑯ 3 2) 6 4 0

■ 다음 나눗셈을 하시오.

① 22) 416

② 45) 914

③ 30) 539

④ 23) 432

⑤ 41) 623

⑥ 55) 617

⑦ 52) 911

⑧ 41) 738

⑨ 62) 939

⑩ 66) 849

⑪ 13) 955

⑫ 13) 547

⑬ 53) 975

⑭ 46) 853

⑮ 16) 864

⑯ 51) 744

■ 다음 나눗셈을 하시오.

① 8 1) 9 3 4

② 7 3) 9 6 2

③ 3 4) 6 6 1

④ 5 9) 6 8 3

⑤ 1 3) 4 8 3

⑥ 5 6) 9 6 3

⑦ 2 2) 6 2 0

⑧ 6 8) 8 2 9

⑨ 3 3) 9 4 2

⑩ 1 4) 5 1 3

⑪ 4 2) 9 9 6

⑫ 1 4) 9 6 2

⑬ 1 7) 8 1 3

⑭ 1 9) 7 2 0

⑮ 4 8) 8 5 3

⑯ 1 9) 4 3 1

■ 다음 나눗셈을 하시오.

① 31)498

② 53)979

③ 21)646

④ 56)698

⑤ 13)438

⑥ 32)569

⑦ 20)662

⑧ 66)899

⑨ 42)593

⑩ 17)345

⑪ 26)994

⑫ 12)946

⑬ 13)871

⑭ 17)923

⑮ 42)945

⑯ 13)833

■ 다음 나눗셈을 하시오.

① 42)732

② 62)798

③ 34)880

④ 33)924

⑤ 51)732

⑥ 17)643

⑦ 35)933

⑧ 15)642

⑨ 13)447

⑩ 23)842

⑪ 28)745

⑫ 12)744

⑬ 43)966

⑭ 12)193

⑮ 51)794

⑯ 13)631

■ 다음 나눗셈을 하시오.

① 34)443

② 22)343

③ 13)289

④ 30)821

⑤ 27)564

⑥ 31)532

⑦ 29)496

⑧ 37)560

⑨ 41)521

⑩ 11)333

⑪ 27)476

⑫ 55)972

⑬ 63)886

⑭ 12)194

⑮ 52)685

⑯ 31)964

세 자리 수 ÷ 두 자리 수 (1)

분   초

/16

■ 다음 나눗셈을 하시오.

① 4 1) 6 3 4

② 3 9) 8 7 1

③ 3 2) 4 6 5

④ 3 3) 7 5 2

⑤ 4 2) 6 4 3

⑥ 1 2) 8 2 2

⑦ 2 0) 8 6 0

⑧ 6 4) 8 7 2

⑨ 1 5) 7 4 1

⑩ 3 9) 7 6 0

⑪ 1 4) 7 9 1

⑫ 3 2) 8 4 4

⑬ 2 1) 5 9 3

⑭ 4 1) 4 5 3

⑮ 7 2) 8 9 4

⑯ 5 2) 9 9 6

■ 다음 나눗셈을 하시오.

① 6 2) 9 9 8

② 1 1) 3 4 3

③ 1 3) 2 9 4

④ 3 4) 3 9 7

⑤ 1 2) 4 2 4

⑥ 4 1) 7 7 7

⑦ 6 6) 8 6 0

⑧ 3 4) 9 8 0

⑨ 6 5) 6 9 0

⑩ 7 7) 9 7 7

⑪ 2 3) 8 5 5

⑫ 3 2) 6 5 5

⑬ 1 1) 9 1 3

⑭ 1 3) 3 8 5

⑮ 3 1) 8 9 3

⑯ 3 2) 6 7 4

77 단계

교재 번호 : 77:01~77:10

■ 학습 일정 관리표

	공부한 날	정답수	오답수	소요시간	표준완성시간
77-01호				분 초	
77-02호				분 초	
77-03호				분 초	
77-04호				분 초	1,2학년 : 정답 중심
77-05호				분 초	
77-06호				분 초	3,4학년 : 5분이내
77-07호				분 초	
77-08호				분 초	5,6학년 : 4분이내
77-09호				분 초	
77-10호				분 초	

76단계와 반복되는 내용입니다. 반복 계산을 통해 몫을 구하는 것에 익숙해지도록 합니다.

⊙ **세 자리 수와 두 자리 수의 나눗셈**

❶
```
        2
  3 1 ) 7 7 3
        6 2
```

❶ 77÷31의 몫을 생각합니다. 31×2=62이므로 알맞은 몫은 62입니다. 몫의 십의 자리에 2를 쓰고, 77 아래에 62를 씁니다.

❷
```
        2 4
  3 1 ) 7 7 3
        6 2
        1 5 3
        1 2 4
```

❷ 77-62를 계산한 결과인 15를 62 아래에 쓰고 3을 내려 씁니다. 153÷31의 몫을 생각합니다. 31×4=124, 31×5=155이므로 알맞은 몫은 4입니다. 몫의 일의 자리에 4를 쓰고, 153 밑에 124를 씁니다.

❸
```
        2 4
  3 1 ) 7 7 3
        6 2
        1 5 3
        1 2 4
          2 9
```

❸ 153-124를 계산한 결과는 29입니다. 그러므로 몫은 24, 나머지는 29입니다.

지도내용   나누는 수가 두 자리 수인 경우 그 몫을 구하는 것을 어려워할 수 있습니다. 끈기를 가지고 차분히 계산할 수 있도록 지도해 주세요.

■ 다음 나눗셈을 하시오.

① 13) 674

② 21) 334

③ 53) 936

④ 15) 494

⑤ 70) 960

⑥ 15) 765

⑦ 14) 294

⑧ 16) 422

⑨ 31) 772

⑩ 36) 493

⑪ 51) 884

⑫ 12) 953

⑬ 53) 991

⑭ 42) 986

⑮ 32) 994

⑯ 31) 874

세 자리 수 ÷ 두 자리 수 (2)

분   초

/16

■ 다음 나눗셈을 하시오.

① 3 1) 4 9 8

② 5 3) 9 7 9

③ 3 1) 6 4 6

④ 5 1) 6 9 8

⑤ 1 3) 4 3 9

⑥ 3 2) 5 6 9

⑦ 2 0) 6 6 2

⑧ 6 8) 9 9 9

⑨ 4 2) 4 9 6

⑩ 1 1) 3 4 6

⑪ 2 6) 9 9 4

⑫ 1 2) 9 4 8

⑬ 1 7) 8 7 1

⑭ 1 8) 9 6 0

⑮ 4 2) 7 9 5

⑯ 1 3) 8 3 3

세 자리 수 ÷ 두 자리 수 (2)

분　　초
/16

■ 다음 나눗셈을 하시오.

① 3 4) 7 4 0

② 2 2) 4 3 3

③ 1 3) 8 9 2

④ 3 1) 6 4 3

⑤ 2 4) 7 6 0

⑥ 3 1) 5 2 3

⑦ 2 4) 9 9 0

⑧ 3 6) 5 6 7

⑨ 4 1) 6 2 5

⑩ 1 3) 4 3 2

⑪ 2 5) 4 7 0

⑫ 5 2) 9 7 5

⑬ 6 3) 8 5 6

⑭ 1 2) 9 4 3

⑮ 5 2) 6 8 5

⑯ 3 1) 9 6 4

세 자리 수 ÷ 두 자리 수 (2)

분   초
/16

■ 다음 나눗셈을 하시오.

① 4 2) 7 3 2

② 6 2) 7 9 8

③ 3 6) 8 4 8

④ 3 4) 9 4 6

⑤ 3 1) 7 3 2

⑥ 2 3) 7 7 4

⑦ 3 6) 9 3 0

⑧ 1 6) 5 3 7

⑨ 1 3) 2 3 6

⑩ 2 1) 9 2 1

⑪ 2 2) 9 7 4

⑫ 1 4) 7 2 4

⑬ 4 5) 9 6 6

⑭ 1 2) 9 3 2

⑮ 5 1) 7 9 4

⑯ 1 3) 6 3 1

■ 다음 나눗셈을 하시오.

① 3 6) 7 1 9

② 4 8) 4 9 7

③ 1 7) 2 8 3

④ 2 4) 9 6 2

⑤ 4 3) 6 2 8

⑥ 6 4) 9 5 7

⑦ 2 3) 8 6 9

⑧ 3 6) 5 8 3

⑨ 7 3) 9 9 1

⑩ 8 6) 9 4 3

⑪ 5 9) 8 6 8

⑫ 4 2) 7 4 5

⑬ 3 9) 6 9 9

⑭ 2 4) 4 7 8

⑮ 1 8) 3 5 6

⑯ 1 9) 2 9 4

■ 다음 나눗셈을 하시오.

① 3 6) 7 4 9

② 5 2) 8 5 4

③ 4 1) 9 7 3

④ 6 2) 8 6 9

⑤ 7 3) 8 7 6

⑥ 8 2) 9 5 4

⑦ 6 6) 8 4 5

⑧ 5 8) 7 5 4

⑨ 4 3) 6 9 7

⑩ 9 1) 9 7 4

⑪ 3 2) 7 2 3

⑫ 2 4) 8 4 2

⑬ 5 1) 9 1 8

⑭ 2 2) 8 7 6

⑮ 3 4) 9 7 6

⑯ 1 8) 5 9 3

세 자리 수 ÷ 두 자리 수 (2)

분   초
/16

■ 다음 나눗셈을 하시오.

① 2 6) 6 9 3

② 3 7) 8 6 2

③ 4 3) 9 5 8

④ 1 4) 8 7 3

⑤ 5 6) 6 8 4

⑥ 6 1) 8 6 2

⑦ 7 7) 9 7 7

⑧ 4 3) 8 4 5

⑨ 2 1) 6 4 8

⑩ 1 7) 7 1 6

⑪ 3 9) 4 9 7

⑫ 5 4) 9 2 4

⑬ 6 5) 9 4 5

⑭ 7 8) 9 6 4

⑮ 2 6) 6 2 0

⑯ 3 7) 4 8 2

세 자리 수 ÷ 두 자리 수 (2)

분   초
/16

■ 다음 나눗셈을 하시오.

① 32)896

② 46)748

③ 53)972

④ 61)964

⑤ 17)518

⑥ 12)726

⑦ 13)621

⑧ 29)687

⑨ 38)576

⑩ 45)828

⑪ 57)924

⑫ 63)749

⑬ 36)862

⑭ 13)433

⑮ 15)352

⑯ 11)442

세 자리 수 ÷ 두 자리 수 (2)

■ 다음 나눗셈을 하시오.

① 1 3) 7 6 4

② 2 7) 5 9 4

③ 4 2) 8 9 3

④ 3 6) 5 9 2

⑤ 7 2) 9 8 8

⑥ 6 1) 8 9 6

⑦ 5 7) 9 1 2

⑧ 4 1) 8 4 0

⑨ 2 9) 5 7 4

⑩ 3 8) 7 1 6

⑪ 4 4) 7 4 8

⑫ 3 6) 5 2 0

⑬ 2 3) 7 4 4

⑭ 3 7) 4 4 1

⑮ 5 1) 9 4 3

⑯ 6 2) 7 6 5

세 자리 수 ÷ 두 자리 수 (2)

분　　　초
/16

■ 다음 나눗셈을 하시오.

① 　1 2 ⟌ 3 6 9

② 　2 3 ⟌ 7 1 8

③ 　3 5 ⟌ 6 9 4

④ 　4 2 ⟌ 9 4 3

⑤ 　5 1 ⟌ 9 5 1

⑥ 　6 2 ⟌ 8 5 4

⑦ 　7 3 ⟌ 9 7 6

⑧ 　1 9 ⟌ 5 9 4

⑨ 　2 2 ⟌ 8 6 6

⑩ 　3 4 ⟌ 9 2 3

⑪ 　4 7 ⟌ 8 4 7

⑫ 　5 6 ⟌ 9 7 8

⑬ 　2 6 ⟌ 7 7 7

⑭ 　1 6 ⟌ 6 9 9

⑮ 　2 4 ⟌ 5 8 4

⑯ 　1 1 ⟌ 9 1 1

78단계

■ 학습 일정 관리표

	공부한 날	정답수	오답수	소요시간	표준완성시간
78-01호				분 초	
78-02호				분 초	
78-03호				분 초	
78-04호				분 초	1,2학년 : 정답 중심
78-05호				분 초	
78-06호				분 초	3,4학년 : 5분이내
78-07호				분 초	
78-08호				분 초	5,6학년 : 4분이내
78-09호				분 초	
78-10호				분 초	

네 자리 수와 두 사리 수의 나눗셈은 세 자리 수와 두 자리 수의 나눗셈과 방법은 동일하나, 자리 수가 하나 늘었다는 것에 유의하여 문제를 풀어야 합니다.

⊙ 네 자리 수와 두 자리 수의 나눗셈

❶

```
        2
7 2 ) 1 7 0 4
      1 4 4
```

❶ $17 ÷ 72$를 할 수 없으므로 $170 ÷ 72$의 몫을 생각합니다. $72 × 2 = 144$, $72 × 3 = 216$이므로 적절한 몫은 2입니다. 몫의 십의 자리에 2를, 170 밑에 144를 씁니다.

❷

```
        2
7 2 ) 1 7 0 4
      1 4 4
        2 6 4
```

❷ $170 - 144$의 결과는 26이므로 자리에 맞춰 쓰고, 4를 내려 씁니다.

❸

```
        2 3
7 2 ) 1 7 0 4
      1 4 4
        2 6 4
        2 1 6
```

❸ $264 ÷ 72$의 몫을 생각합니다. $72 × 3 = 216$, $72 × 4 = 288$이므로 적절한 몫은 3입니다. 몫의 일의 자리에 3을, 264 밑에 216을 씁니다.

❹

```
        2 3
7 2 ) 1 7 0 4
      1 4 4
        2 6 4
        2 1 6
          4 8
```

❹ $264 - 216$의 결과를 자리에 맞춰 씁니다. 몫은 23, 나머지는 48입니다.

지도내용　자리 수는 하나 늘었지만, 앞 단계와 거의 동일한 계산법을 사용합니다. 늘어난 자리 수에 겁내지 말고 차분히 문제를 풀도록 지도해 주세요.

■ 다음 나눗셈을 하시오.

① 2 2) 2 0 6 4

② 8 7) 8 2 4 3

③ 6 2) 4 7 6 5

④ 4 6) 9 7 6 8

⑤ 7 6) 7 0 0 9

⑥ 8 2) 7 3 8 3

⑦ 4 5) 1 9 8 3

⑧ 3 6) 2 9 7 4

⑨ 2 9) 1 9 4 8

⑩ 9 1) 8 7 6 4

⑪ 8 3) 7 1 3 0

⑫ 7 3) 6 4 2 0

⑬ 6 5) 2 1 8 6

⑭ 4 1) 3 1 2 8

⑮ 1 4 1) 1 0 6 9

⑯ 5 9) 2 7 4 7

네 자리 수 ÷ 두 자리 수 (1)

분　　　초

/16

■ 다음 나눗셈을 하시오.

① 42) 2 2 3 3

② 97) 7 1 4 3

③ 32) 1 0 2 0

④ 42) 2 0 6 9

⑤ 62) 2 4 4 6

⑥ 72) 4 4 8 4

⑦ 77) 5 0 4 3

⑧ 26) 2 0 7 7

⑨ 23) 1 2 3 4

⑩ 54) 1 0 9 1

⑪ 52) 4 6 7 2

⑫ 62) 5 2 8 3

⑬ 38) 1 6 8 3

⑭ 88) 1 6 2 5

⑮ 41) 1 6 0 1

⑯ 78) 2 4 0 8

네 자리 수 ÷ 두 자리 수 (1)

■ 다음 나눗셈을 하시오.

① 2 2) 1 2 0 2

② 6 3) 5 2 0 3

③ 6 1) 1 0 1 5

④ 7 2) 1 9 2 5

⑤ 4 8) 1 8 2 8

⑥ 8 2) 1 9 0 2

⑦ 3 3) 2 7 2 2

⑧ 4 4) 1 7 2 1

⑨ 5 6) 3 6 9 5

⑩ 6 4) 5 7 4 8

⑪ 8 2) 1 7 2 6

⑫ 9 4) 2 6 2 6

⑬ 8 8) 1 8 4 3

⑭ 4 3) 2 6 0 4

⑮ 5 9) 3 6 2 8

⑯ 7 3) 6 9 4 8

비타민 C
78-04

네 자리 수 ÷ 두 자리 수 (1)

분   초
/16

■ 다음 나눗셈을 하시오.

① 67)5203

② 41)2305

③ 22)1312

④ 84)3918

⑤ 77)1417

⑥ 33)3206

⑦ 29)1524

⑧ 55)4813

⑨ 57)2684

⑩ 63)5169

⑪ 94)8694

⑫ 73)5647

⑬ 97)4643

⑭ 36)1999

⑮ 99)8887

⑯ 48)2740

비타민 C
78-05

네 자리 수 ÷ 두 자리 수 (1)

분   초
/16

■ 다음 나눗셈을 하시오.

① $57 \overline{)4033}$

② $73 \overline{)3506}$

③ $62 \overline{)2133}$

④ $82 \overline{)2294}$

⑤ $64 \overline{)3573}$

⑥ $51 \overline{)3627}$

⑦ $94 \overline{)8245}$

⑧ $83 \overline{)3890}$

⑨ $39 \overline{)1816}$

⑩ $46 \overline{)2905}$

⑪ $45 \overline{)2509}$

⑫ $30 \overline{)1541}$

⑬ $83 \overline{)1675}$

⑭ $57 \overline{)3794}$

⑮ $46 \overline{)1704}$

⑯ $29 \overline{)1004}$

비타민 C-3 99

■ 다음 나눗셈을 하시오.

① 6 2) 3 0 1 8

② 4 2) 2 5 5 2

③ 5 6) 1 7 4 9

④ 3 6) 1 9 0 0

⑤ 2 4) 1 2 6 2

⑥ 1 4) 1 3 4 1

⑦ 9 9) 8 6 7 9

⑧ 3 8) 3 1 2 8

⑨ 4 9) 2 0 0 9

⑩ 5 3) 4 1 6 9

⑪ 3 1) 1 1 1 4

⑫ 5 6) 2 6 4 8

⑬ 8 6) 2 3 4 9

⑭ 5 9) 3 9 9 9

⑮ 6 4) 4 8 7 8

⑯ 7 3) 4 9 4 3

네 자리 수 ÷ 두 자리 수 (1)

분   초
/16

■ 다음 나눗셈을 하시오.

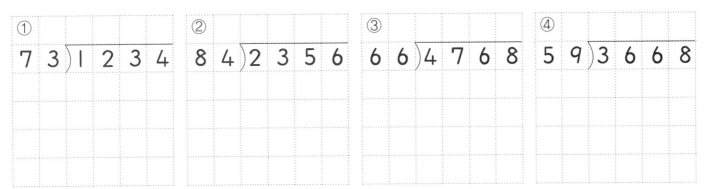

① 73)1234

② 84)2356

③ 66)4768

④ 59)3668

⑤ 76)2783

⑥ 46)3285

⑦ 85)3018

⑧ 72)2502

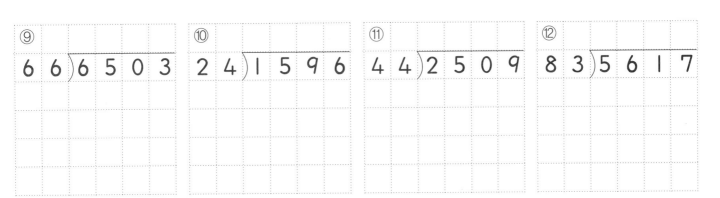

⑨ 66)6503

⑩ 24)1596

⑪ 44)2509

⑫ 83)5617

⑬ 75)3717

⑭ 64)2488

⑮ 58)3413

⑯ 23)1501

네 자리 수 ÷ 두 자리 수 (1)

분   초
/16

■ 다음 나눗셈을 하시오.

① 84) 3 0 1 8

② 46) 3 1 2 8

③ 47) 1 8 1 6

④ 24) 1 9 8 8

⑤ 76) 7 5 7 5

⑥ 28) 1 3 2 2

⑦ 64) 2 9 0 5

⑧ 83) 5 6 1 7

⑨ 44) 2 5 0 4

⑩ 75) 3 7 1 7

⑪ 66) 1 7 0 4

⑫ 27) 2 5 4 3

⑬ 71) 2 9 0 6

⑭ 41) 3 4 1 4

⑮ 23) 1 3 4 6

⑯ 65) 3 4 1 2

네 자리 수 ÷ 두 자리 수 (1)

■ 다음 나눗셈을 하시오.

① 42) 2 6 1 1

② 53) 2 2 2 2

③ 64) 3 8 1 5

④ 72) 2 8 4 3

⑤ 82) 5 5 3 6

⑥ 21) 2 0 7 4

⑦ 83) 4 3 0 2

⑧ 46) 2 5 1 3

⑨ 56) 4 6 8 0

⑩ 79) 3 4 6 4

⑪ 46) 4 4 2 1

⑫ 22) 2 0 6 4

⑬ 62) 4 5 2 3

⑭ 66) 5 5 4 4

⑮ 76) 2 9 4 3

⑯ 98) 1 6 8 5

네 자리 수 ÷ 두 자리 수 (1)

분　　　초
/16

■ 다음 나눗셈을 하시오.

① 46)2580

② 79)3152

③ 82)1263

④ 32)1934

⑤ 46)2873

⑥ 83)4040

⑦ 62)5309

⑧ 88)7260

⑨ 68)4734

⑩ 45)2433

⑪ 32)1903

⑫ 24)2034

⑬ 36)1288

⑭ 73)3712

⑮ 83)2902

⑯ 22)1712

79 단계

■ 학습 일정 관리표

	공부한 날	정답수	오답수	소요시간	표준완성시간
79-01호				분 초	
79-02호				분 초	
79-03호				분 초	
79-04호				분 초	1,2학년 : 정답 중심
79-05호				분 초	
79-06호				분 초	3,4학년 : 5분이내
79-07호				분 초	
79-08호				분 초	5,6학년 : 4분이내
79-09호				분 초	
79-10호				분 초	

이번 단계에서도 앞 단계와 동일한 내용을 공부합니다. 반복 연습을 통해 계산에 익숙해지도록 합니다.

◉ 네 자리 수와 두 자리 수의 나눗셈

❶
```
        6
27) 1 7 0 2
    1 6 2
```
❶ 170÷27의 몫을 생각합니다. 27×6은 162이므로 적절한 몫은 6입니다. 몫의 십의 자리에 6을, 170 밑에 162를 씁니다.

❷
```
        6
27) 1 7 0 2
    1 6 2
        8 2
```
❷ 170-162의 결과인 8을 자리에 맞게 쓰고, 2를 내려 씁니다.

❸
```
        6 3
27) 1 7 0 2
    1 6 2
        8 2
        8 1
```
❸ 82÷27의 몫을 생각합니다. 27×3=81, 이므로 적절한 몫은 3입니다. 몫의 일의 자리에 3을, 82 밑에 81을 씁니다.

❹
```
        6 3
27) 1 7 0 2
    1 6 2
        8 2
        8 1
          1
```
❹ 82-81은 1이므로, 몫은 63, 나머지는 1입니다.

지도내용 반복 연습을 통해 계산 속도가 향상될 수 있도록 지도해 주세요.

네 자리 수 ÷ 두 자리 수 (2)

분   초
/16

■ 다음 나눗셈을 하시오.

① 47)1604

② 29)1488

③ 33)2169

④ 55)2760

⑤ 64)3094

⑥ 79)4594

⑦ 83)5630

⑧ 94)6987

⑨ 14)1276

⑩ 26)1191

⑪ 37)2162

⑫ 45)3129

⑬ 54)1469

⑭ 63)2918

⑮ 72)3927

⑯ 81)4936

네 자리 수 ÷ 두 자리 수 (2)

분   초
/16

■ 다음 나눗셈을 하시오.

① 94) 5 9 4 5

② 87) 6 9 5 4

③ 74) 2 9 1 8

④ 62) 2 8 1 6

⑤ 55) 3 6 1 8

⑥ 48) 3 3 0 9

⑦ 24) 1 6 0 6

⑧ 27) 1 2 0 2

⑨ 34) 2 7 1 4

⑩ 43) 2 5 1 0

⑪ 46) 3 6 1 7

⑫ 55) 4 3 1 2

⑬ 68) 5 4 2 5

⑭ 74) 6 6 3 6

⑮ 81) 7 7 4 9

⑯ 99) 8 8 6 4

네 자리 수 ÷ 두 자리 수 (2)

분   초
/16

■ 다음 나눗셈을 하시오.

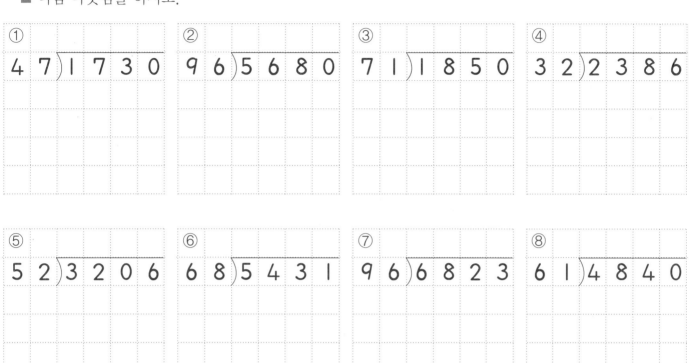

① 47)1730

② 96)5680

③ 71)1850

④ 32)2386

⑤ 52)3206

⑥ 68)5431

⑦ 96)6823

⑧ 61)4840

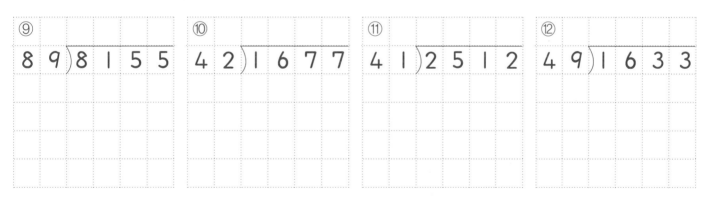

⑨ 89)8155

⑩ 42)1677

⑪ 41)2512

⑫ 49)1633

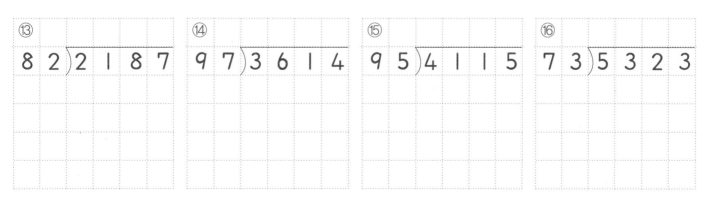

⑬ 82)2187

⑭ 97)3614

⑮ 95)4115

⑯ 73)5323

■ 다음 나눗셈을 하시오.

① 3 7) 1 9 2 4

② 1 9) 1 0 2 4

③ 2 4) 2 1 4 8

④ 4 6) 3 2 5 6

⑤ 5 3) 4 2 9 3

⑥ 6 2) 3 3 9 2

⑦ 7 4) 2 9 8 3

⑧ 8 7) 6 5 6 3

⑨ 9 2) 2 4 6 8

⑩ 8 4) 4 7 2 8

⑪ 6 3) 5 8 4 1

⑫ 5 2) 3 7 2 2

⑬ 3 2) 2 7 1 4

⑭ 4 8) 3 5 1 5

⑮ 5 6) 4 0 5 9

⑯ 7 4) 6 1 9 9

■ 다음 나눗셈을 하시오.

① 9 3) 4 5 2 2

② 4 7) 4 4 2 5

③ 6 6) 2 7 1 2

④ 5 8) 3 8 2 4

⑤ 3 4) 1 7 9 4

⑥ 5 5) 3 2 5 8

⑦ 7 7) 4 9 6 3

⑧ 3 9) 2 1 0 4

⑨ 5 0) 3 8 9 0

⑩ 9 2) 4 7 8 2

⑪ 2 4) 1 9 0 1

⑫ 8 1) 2 1 5 2

⑬ 7 3) 3 7 2 4

⑭ 6 3) 1 6 0 4

⑮ 7 3) 5 3 2 3

⑯ 7 2) 2 5 1 2

네 자리 수 ÷ 두 자리 수 (2)

분　　초
/16

■ 다음 나눗셈을 하시오.

① 2 7) 2 4 0 2

② 3 3) 2 8 1 0

③ 7 1) 2 6 4 4

④ 7 9) 2 4 0 9

⑤ 7 2) 1 7 0 4

⑥ 3 6) 3 1 2 2

⑦ 4 3) 1 7 0 9

⑧ 6 3) 2 7 0 0

⑨ 6 0) 1 6 8 2

⑩ 8 3) 5 2 6 1

⑪ 8 8) 6 2 7 1

⑫ 9 3) 7 9 4 2

⑬ 9 4) 4 5 8 1

⑭ 8 3) 2 4 6 0

⑮ 7 3) 3 5 7 1

⑯ 7 4) 5 4 1 6

네 자리 수 ÷ 두 자리 수 (2)

분   초
/16

■ 다음 나눗셈을 하시오.

① 4 6) 2 3 1 8

② 5 3) 5 1 2 3

③ 6 3) 2 3 7 1

④ 9 0) 4 2 8 0

⑤ 2 7) 2 2 0 9

⑥ 3 6) 3 2 4 3

⑦ 8 3) 7 3 7 2

⑧ 5 6) 4 4 6 6

⑨ 7 2) 6 0 3 6

⑩ 8 9) 1 0 1 8

⑪ 9 4) 7 4 8 9

⑫ 9 3) 6 5 7 4

⑬ 6 9) 5 7 4 3

⑭ 3 6) 3 0 7 4

⑮ 3 3) 2 0 3 2

⑯ 4 3) 2 7 7 2

네 자리 수 ÷ 두 자리 수 (2)

분   초
/16

■ 다음 나눗셈을 하시오.

① 7 5) 5 2 7 0

② 8 8) 7 0 2 6

③ 8 8) 6 0 2 1

④ 4 2) 3 5 7 9

⑤ 5 5) 3 3 3 0

⑥ 1 8) 1 0 2 4

⑦ 6 7) 4 6 5 9

⑧ 7 3) 3 4 0 8

⑨ 8 4) 2 6 4 4

⑩ 9 3) 4 7 3 6

⑪ 8 2) 5 4 8 6

⑫ 7 8) 6 2 8 3

⑬ 4 3) 2 6 9 2

⑭ 5 6) 4 8 3 4

⑮ 6 9) 3 2 7 6

⑯ 7 8) 5 6 0 3

네 자리 수 ÷ 두 자리 수 (2)

분   초
/16

■ 다음 나눗셈을 하시오.

① 85)6274

② 42)3275

③ 72)5128

④ 46)2580

⑤ 82)5946

⑥ 36)2716

⑦ 66)3480

⑧ 55)2677

⑨ 94)1094

⑩ 11)1009

⑪ 24)1747

⑫ 45)1546

⑬ 51)3629

⑭ 64)2964

⑮ 73)3688

⑯ 84)4973

■ 다음 나눗셈을 하시오.

① 8 5) 3 6 7 2

② 4 4) 1 2 7 8

③ 7 2) 6 7 2 1

④ 7 6) 1 8 1 8

⑤ 4 8) 3 9 7 0

⑥ 4 4) 1 7 2 4

⑦ 8 9) 7 1 8 2

⑧ 6 5) 3 0 4 4

⑨ 8 8) 7 1 5 9

⑩ 9 6) 2 0 9 4

⑪ 6 5) 4 2 0 5

⑫ 7 3) 5 2 7 9

⑬ 3 2) 2 6 1 3

⑭ 4 8) 2 5 9 4

⑮ 6 0) 2 3 7 0

⑯ 7 2) 4 8 9 6

80 단계

교재 번호 : 80:01~80:10

■ 학습 일정 관리표

	공부한 날	정답수	오답수	소요시간	표준완성시간
80-01호				분 초	
80-02호				분 초	
80-03호				분 초	
80-04호				분 초	1,2학년 : 2분이내
80-05호				분 초	
80-06호				분 초	3,4학년 : 50초이내
80-07호				분 초	
80-08호				분 초	5,6학년 : 35초이내
80-09호				분 초	
80-10호				분 초	

80단계 ⋮ 자연수의 혼합 계산

덧셈, 뺄셈, 곱셈, 나눗셈이 혼합된 계산은 계산 순서를 지켜서 계산합니다.

- ( ) 안을 먼저 계산합니다. (소괄호에서 대괄호순으로)
- 왼쪽에서 오른쪽으로,
- 곱셈 · 나눗셈은 덧셈 · 뺄셈보다 먼저 계산한다.

⊙ **자연수의 혼합 계산**

❶ $21 + 6 \times 5$
$\underline{}$
30

❶ 곱셈 · 나눗셈은 덧셈 · 뺄셈보다 먼저 계산하므로 6×5를 먼저 계산해야 합니다. 6×5는 30입니다.

❷ $21 + 6 \times 5$
30
51

❷ 21과 6×5의 계산 결과인 30을 더합니다. $21 + 30$을 계산하면 답은 51입니다.

지도내용 자연수의 혼합 계산은 위에 제시한 원칙을 알면 쉽게 해결할 수 있는 부분입니다. 문제를 풀기 위해 먼저 원칙을 충분히 숙지할 수 있도록 지도해 주세요.

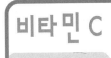

자연수의 혼합 계산

분   초
/24

■ 다음 계산을 하시오.

① $4 + 9 \times 28 =$

② $18 + 4 + 27 =$

③ $9 \times 3 \times 7 =$

④ $(24 + 4) \times 3 =$

⑤ $19 - 3 \times 5 =$

⑥ $23 + 6 - 19 =$

⑦ $49 \div (13 - 6) =$

⑧ $72 \div 4 \div 9 =$

⑨ $(8 + 14) \div 2 =$

⑩ $72 \div 8 - 4 =$

⑪ $28 \times 2 \div 4 =$

⑫ $(15 + 13) \div 7 =$

⑬ $9 + 4 \times 6 =$

⑭ $18 \div 6 + 9 =$

⑮ $(21 + 9) \times 5 =$

⑯ $56 \div (12 + 16) =$

⑰ $15 - 56 \div 7 =$

⑱ $4 \times (6 + 7) =$

⑲ $25 - 9 - 10 =$

⑳ $6 \times 5 + 4 =$

㉑ $19 \times 4 \div 2 =$

㉒ $19 - 7 + 11 =$

㉓ $9 \times 4 \times 3 =$

㉔ $24 - 6 \div 2 =$

자연수의 혼합 계산

■ 다음 계산을 하시오.

① $8 + 14 - 7 =$

② $54 - 7 \times 6 =$

③ $38 + 12 + 8 =$

④ $9 \times (26 - 15) =$

⑤ $21 + 6 \times 5 =$

⑥ $42 \div 7 - 2 =$

⑦ $(9 + 4) \times 3 =$

⑧ $81 \div (21 - 12) =$

⑨ $4 + 30 \div 5 =$

⑩ $49 \div 7 \times 4 =$

⑪ $64 \div 8 \div 2 =$

⑫ $(12 + 15) \div 3 =$

⑬ $5 \times 9 \times 15 =$

⑭ $32 \div 4 + 7 =$

⑮ $(15 - 9) \times 8 =$

⑯ $76 \div (10 + 9) =$

⑰ $16 - 27 \div 3 =$

⑱ $2 \times (4 + 6) =$

⑲ $5 \times 6 \times 7 =$

⑳ $4 \times 9 + 8 =$

㉑ $24 \times 4 \times 6 =$

㉒ $30 \times 5 \div 6 =$

㉓ $21 \div 3 \times 3 =$

㉔ $(48 - 3) \div 9 =$

자연수의 혼합 계산

분   초
/24

■ 다음 계산을 하시오.

① $14 + 8 - 4 =$

② $62 - 7 \times 8 =$

③ $15 + 4 + 11 =$

④ $6 \times (13 - 9) =$

⑤ $15 + 4 \times 8 =$

⑥ $56 \div 7 - 3 =$

⑦ $(9 + 4) \times 4 =$

⑧ $81 \div (16 - 7) =$

⑨ $8 + 64 \div 8 =$

⑩ $28 \div 7 \times 6 =$

⑪ $45 \div 9 \div 5 =$

⑫ $(17 + 25) \div 6 =$

⑬ $5 \times 8 - 10 =$

⑭ $(6 + 9) \times 3 =$

⑮ $27 \div 3 - 7 =$

⑯ $16 \times 4 \div 8 =$

⑰ $27 \div (6 - 3) =$

⑱ $13 + 2 \times 8 =$

⑲ $4 \times 8 \times 12 =$

⑳ $72 \div 9 - 4 =$

㉑ $36 \div (18 - 16) =$

㉒ $25 \div (9 - 4) =$

㉓ $32 \times 4 \div 16 =$

㉔ $(77 - 5) \div 8 =$

■ 다음 계산을 하시오.

① $15 + 10 - 4 =$

② $60 - 8 + 4 =$

③ $19 + 3 + 7 =$

④ $8 \times (13 - 5) =$

⑤ $20 + 4 \times 5 =$

⑥ $36 \div 6 - 3 =$

⑦ $(9 + 7) \times 9 =$

⑧ $54 \div (14 - 8) =$

⑨ $14 + 90 \div 9 =$

⑩ $27 \div 3 \times 4 =$

⑪ $64 \div 2 \div 4 =$

⑫ $(14 + 14) \div 7 =$

⑬ $2 \times 10 - 12 =$

⑭ $39 \div 3 + 16 =$

⑮ $(29 - 18) \times 7 =$

⑯ $40 \div (2 + 3) =$

⑰ $15 - 48 \div 6 =$

⑱ $6 \times (17 + 2) =$

⑲ $39 - 7 - 21 =$

⑳ $5 + 9 + 24 =$

㉑ $4 \times 7 \div 2 =$

㉒ $9 \times 3 \times 6 =$

㉓ $(76 - 28) \div 4 =$

㉔ $(81 - 9) \div 9 =$

■ 다음 계산을 하시오.

① $16 + 8 - 4 =$

② $28 - 4 \times 6 =$

③ $9 + 4 + 7 =$

④ $5 \times (6 - 2) =$

⑤ $18 + 8 \times 2 =$

⑥ $25 - 7 + 7 =$

⑦ $22 - (32 \div 8) =$

⑧ $9 \times (9 - 4) =$

⑨ $20 + 6 \times 4 =$

⑩ $35 \div 7 - 3 =$

⑪ $64 \div 2 \div 8 =$

⑫ $7 \times 9 - 32 =$

⑬ $5 \times 6 - 13 =$

⑭ $36 \div 6 + 18 =$

⑮ $(13 - 7) \times 9 =$

⑯ $7 \times (15 - 8) =$

⑰ $29 - 7 - 8 =$

⑱ $5 \times 8 + 16 =$

⑲ $7 + 8 \div 4 =$

⑳ $8 + 35 \div 7 =$

㉑ $(44 - 8) \div 4 =$

㉒ $(16 + 9) \div 5 =$

㉓ $5 \times (13 - 2) =$

㉔ $42 \div (4 + 3) =$

■ 다음 계산을 하시오.

① $(11-6) \times 8 =$

② $4 \times 5 \times 7 =$

③ $4 \times 7 + 14 =$

④ $9 \times 8 \div 6 =$

⑤ $25 - 54 \div 6 =$

⑥ $7 \times (9-4) =$

⑦ $30 - 3 \times 8 =$

⑧ $(5+4) \times 5 =$

⑨ $90 \div 5 \div 6 =$

⑩ $29 - 8 + 4 =$

⑪ $18 + 7 \times 4 =$

⑫ $7 \times 9 - 3 =$

⑬ $81 \div (3+6) =$

⑭ $6 \times 4 - 13 =$

⑮ $9 \times 7 \div 3 =$

⑯ $14 + 9 + 7 =$

⑰ $32 \div 8 + 17 =$

⑱ $5 \times 7 \times 6 =$

⑲ $(16-9) \times 2 =$

⑳ $12 \times 3 \div 4 =$

㉑ $64 \div (2+6) =$

㉒ $63 \div 7 + 15 =$

㉓ $(7+2) \times 5 =$

㉔ $5 \times (7-2) =$

■ 다음 계산을 하시오.

① $56 \div 7 + 12 =$

② $6 \times 6 - 18 =$

③ $19 - 2 \times 7 =$

④ $9 \times (4 - 2) =$

⑤ $7 + 7 \times 8 =$

⑥ $48 \div (11 - 3) =$

⑦ $8 + 30 \div 6 =$

⑧ $(7 + 3) \times 4 =$

⑨ $75 \div 5 \times 6 =$

⑩ $8 \times 4 - 20 =$

⑪ $27 \div 3 + 4 =$

⑫ $(9 + 9) \times 8 =$

⑬ $9 \times 9 + 9 =$

⑭ $4 \div 2 \times 7 =$

⑮ $(28 - 23) \times 4 =$

⑯ $25 + 7 - 18 =$

⑰ $53 + 8 \div 4 =$

⑱ $51 \div (15 - 12) =$

⑲ $21 - (3 \times 4) =$

⑳ $4 \times (18 - 9) =$

㉑ $5 \times 8 \times 3 =$

㉒ $(53 - 8) \div 9 =$

㉓ $4 \times 3 + 17 =$

㉔ $8 + 30 \div 6 =$

자연수의 혼합 계산

분   초
/24

■ 다음 계산을 하시오.

① $72 \div 9 - 4 =$

② $16 \times 3 + 5 =$

③ $15 \div 5 \times 9 =$

④ $25 - 3 - 8 =$

⑤ $2 \times 4 \times 8 =$

⑥ $(5 + 7) \div 3 =$

⑦ $8 + 30 \div 5 =$

⑧ $(17 + 10) \div 3 =$

⑨ $26 + 8 + 5 =$

⑩ $9 \times 9 \div 27 =$

⑪ $13 \times 4 \times 8 =$

⑫ $54 + 6 \times 3 =$

⑬ $4 \times (6 \times 3) =$

⑭ $24 - 40 \div 8 =$

⑮ $6 \times 6 \div 9 =$

⑯ $7 + 8 \times 9 =$

⑰ $2 \times 3 \times 4 =$

⑱ $4 \times (6 + 9) =$

⑲ $25 - 8 + 7 =$

⑳ $6 \times 5 + 4 =$

㉑ $5 \times 3 \times 8 =$

㉒ $(54 + 9) \div 9 =$

㉓ $36 \div (11 - 8) =$

㉔ $8 + 40 \div 5 =$

자연수의 혼합 계산

분   초
                    /24

■ 다음 계산을 하시오.

① $5 \times 8 - 16 =$

② $42 \div 7 + 29 =$

③ $8 \times (11 - 6) =$

④ $81 \div (3 + 6) =$

⑤ $2 \times 7 + 14 =$

⑥ $3 \times 6 \times 5 =$

⑦ $3 \times 4 - 2 =$

⑧ $7 \times (13 + 4) =$

⑨ $6 \times 9 \times 2 =$

⑩ $63 \div (6 + 3) =$

⑪ $29 - 11 - 4 =$

⑫ $5 \times 9 - 19 =$

⑬ $24 + 6 \times 8 =$

⑭ $(16 - 7) \times 5 =$

⑮ $4 \times 7 - 8 =$

⑯ $13 + 9 - 6 =$

⑰ $5 \times (3 + 5) =$

⑱ $8 + 36 \div 6 =$

⑲ $(18 + 14) \div 4 =$

⑳ $29 - 7 + 3 =$

㉑ $5 \times 9 \div 3 =$

㉒ $2 \times 3 \times 4 =$

㉓ $56 \div 8 \times 5 =$

㉔ $5 + 36 \div 4 =$

자연수의 혼합 계산

분   초

/24

■ 다음 계산을 하시오.

① 23 - 15 + 6 =

② 70 ÷ (6 + 4) =

③ 6 × (18 + 3) =

④ 8 × 4 × 9 =

⑤ (10 - 6) × 4 =

⑥ 45 ÷ 5 - 2 =

⑦ 72 ÷ 8 + 7 =

⑧ 72 ÷ 4 ÷ 3 =

⑨ 80 ÷ 4 ÷ 4 =

⑩ 9 × 3 × 5 =

⑪ 5 × (7 - 3) =

⑫ (45 - 9) ÷ 12 =

⑬ 66 ÷ 3 - 16 =

⑭ 7 × (8 - 4) =

⑮ 16 + 9 - 4 =

⑯ 37 - 4 × 5 =

⑰ 19 - 4 + 6 =

⑱ 8 × 5 + 21 =

⑲ 6 × 3 ÷ 2 =

⑳ (23 - 4) × 3 =

㉑ 3 × 5 × 9 =

㉒ 8 + 30 ÷ 5 =

㉓ 13 + 6 + 3 =

㉔ 13 + 8 + 4 =

이 교재를 다 마친 후 실시해 주십시오.

C-3
56문항 / 소요시간15분

성취도 테스트

성취도 테스트 실시 목적
지금까지 학습한 C-3 과정을 정확하고 빠르게 습득했는지
성취도를 테스트하기 위하여 실시합니다.
이 교재의 어느 부분이 부족한지 오답의 성질을 분석, 약점을
보완하고 지도 자료로 활용합니다.
다음 교재 학습을 위하여 즐겁고 자신있게 풀 수 있도록 동기를
부여하고 자극을 주는 데 목적이 있습니다.

실시방법
먼저 실시 년, 월, 일을 쓰고 시간을 정확히 재면서 문제를
풀도록 합니다.
가능하면 소요시간 내에 풀게 하고, 시간 이내에 풀지 못하면
푼 데까지 표시 후 다 풀도록 해 주세요.
채점은 교사나 어머니께서 직접 해 주시고 정답 수를 기록합니다.

실시 년 월 일	년 월 일	소요 시간	/ 15분

■ 다음 계산을 하시오.

①
$$
\begin{array}{r}
729 \\
\times\ 286 \\
\hline
\end{array}
$$

②
$$
\begin{array}{r}
279 \\
\times\ 435 \\
\hline
\end{array}
$$

③
$$
\begin{array}{r}
319 \\
\times\ 724 \\
\hline
\end{array}
$$

④
$$
\begin{array}{r}
192 \\
\times\ 418 \\
\hline
\end{array}
$$

⑤
$$
\begin{array}{r}
243 \\
\times\ 793 \\
\hline
\end{array}
$$

⑥
$$
\begin{array}{r}
624 \\
\times\ 726 \\
\hline
\end{array}
$$

⑦
$$
\begin{array}{r}
973 \\
\times\ 762 \\
\hline
\end{array}
$$

⑧
$$
\begin{array}{r}
476 \\
\times\ 229 \\
\hline
\end{array}
$$

⑨
$$
\begin{array}{r}
753 \\
\times\ 572 \\
\hline
\end{array}
$$

⑩
$$
\begin{array}{r}
444 \\
\times\ 628 \\
\hline
\end{array}
$$

⑪
$$
\begin{array}{r}
436 \\
\times\ 383 \\
\hline
\end{array}
$$

⑫
$$
\begin{array}{r}
346 \\
\times\ 488 \\
\hline
\end{array}
$$

⑬
$$
\begin{array}{r}
425 \\
\times\ 389 \\
\hline
\end{array}
$$

⑭
$$
\begin{array}{r}
546 \\
\times\ 763 \\
\hline
\end{array}
$$

⑮
$$
\begin{array}{r}
661 \\
\times\ 889 \\
\hline
\end{array}
$$

⑯
$$
\begin{array}{r}
692 \\
\times\ 862 \\
\hline
\end{array}
$$

⑰
$$
\begin{array}{r}
244 \\
\times\ 122 \\
\hline
\end{array}
$$

⑱
$$
\begin{array}{r}
362 \\
\times\ 452 \\
\hline
\end{array}
$$

⑲
$$
\begin{array}{r}
175 \\
\times\ 516 \\
\hline
\end{array}
$$

⑳
$$
\begin{array}{r}
398 \\
\times\ 471 \\
\hline
\end{array}
$$

■ 다음 계산을 하시오.

㉑
$$7 \overline{)536}$$

㉒
$$6 \overline{)514}$$

㉓
$$9 \overline{)327}$$

㉔
$$5 \overline{)245}$$

㉕
$$5 \overline{)347}$$

㉖
$$5 \overline{)408}$$

㉗
$$2 \overline{)174}$$

㉘
$$9 \overline{)618}$$

㉙
$$9 \overline{)235}$$

㉚
$$9 \overline{)119}$$

㉛
$$7 \overline{)316}$$

㉜
$$5 \overline{)191}$$

㉝
$$25 \overline{)655}$$

㉞
$$26 \overline{)436}$$

㉟
$$27 \overline{)369}$$

㊱
$$32 \overline{)640}$$

■ 다음 계산을 하시오.

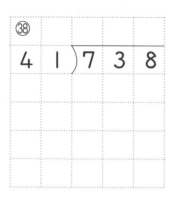

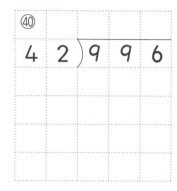

㊲ $57\overline{)824}$

㊳ $41\overline{)738}$

㊴ $13\overline{)547}$

㊵ $42\overline{)996}$

㊶ $19 \times 4 \div 2 =$

㊷ $9 \times 4 \times 3 =$

㊸ $56 \div (12 + 16) =$

㊹ $4 \times 9 + 8 =$

㊺ $21 \div 3 \times 3 =$

㊻ $32 \div 4 + 7 =$

㊼ $72 \div 9 - 4 =$

㊽ $15 + 4 \times 8 =$

㊾ $(76 - 28) \div 4 =$

㊿ $19 + 3 + 7 =$

(51) $7 \times 8 \div 4 =$

(52) $8 + 35 \div 7 =$

(53) $(7 + 2) \times 5 =$

(54) $29 - 7 + 3 =$

(55) $63 \div (6 + 3) =$

(56) $5 \times 8 - 16 =$

성취도 테스트 결과표

C-3
56문항 / 소요시간15분

소요시간 :

정답 수 : / 56문항

구분	성취도 테스트 결과			
정답 수	56~51	51~42	41~32	31~
성취도	A	B	C	D

A. (아주 잘함) : 충분히 이해했으니 다음 단계로 가세요.

B. (잘함) : 학습 내용은 충분히 잘 이해했으나 틀린 부분을 다시 한 번 꼼꼼히 체크하세요.

C. (보통임) : 학습 내용 중 부족한 부분이 있으니 다시 한 번 복습하세요.

D. (부족함) : 다음 단계로 가기에는 부족합니다. 다시 한 번 학습하세요.

성취도 테스트 정답

① 208494 ② 121365 ③ 230956 ④ 80256 ⑤ 192699
⑥ 453024 ⑦ 741426 ⑧ 109004 ⑨ 430716 ⑩ 278832
⑪ 166988 ⑫ 168848 ⑬ 165325 ⑭ 416598 ⑮ 587629
⑯ 596504 ⑰ 29768 ⑱ 163624 ⑲ 90300 ⑳ 187458
㉑ 76…4 ㉒ 85…4 ㉓ 36…3 ㉔ 49 ㉕ 69…2
㉖ 81…3 ㉗ 87 ㉘ 68…6 ㉙ 26…1 ㉚ 13…2

㉛ 45…1 ㉜ 38…1 ㉝ 26…5 ㉞ 16…20 ㉟ 13…18
㊱ 20 ㊲ 14…26 ㊳ 18 ㊴ 42…1 ㊵ 23…30
㊶ 38 ㊷ 108 ㊸ 2 ㊹ 44 ㊺ 21
㊻ 15 ㊼ 4 ㊽ 47 ㊾ 12 ㊿ 29
(51) 14 (52) 13 (53) 45 (54) 25 (55) 7
(56) 24

정답

71~01

① 122661 ② 377856 ③ 254624 ④ 273702
⑤ 634524 ⑥ 740352 ⑦ 657046 ⑧ 188116
⑨ 676598

71~02

① 34113 ② 349180 ③ 160500 ④ 231173
⑤ 404736 ⑥ 208494 ⑦ 216348 ⑧ 124278
⑨ 232023

71~03

① 142835 ② 80256 ③ 356664 ④ 840886
⑤ 288082 ⑥ 106386 ⑦ 236145 ⑧ 585868
⑨ 230956

71~04

① 66834 ② 230892 ③ 533988 ④ 122481
⑤ 465504 ⑥ 192699 ⑦ 286479 ⑧ 647108
⑨ 190998

71~05

① 112266 ② 272210 ③ 325287 ④ 131706
⑤ 309111 ⑥ 433504 ⑦ 562950 ⑧ 741426
⑨ 209876

71~06

① 341110 ② 91512 ③ 527796 ④ 285471
⑤ 870592 ⑥ 259826 ⑦ 131285 ⑧ 109004
⑨ 131706

71~07

① 88297 ② 282672 ③ 297792 ④ 308967
⑤ 279888 ⑥ 431469 ⑦ 781152 ⑧ 237050
⑨ 175088

71~08

① 107068 ② 378448 ③ 78080 ④ 169540
⑤ 81984 ⑥ 241408 ⑦ 106596 ⑧ 181548
⑨ 278832

71~09

① 382074 ② 807791 ③ 157344 ④ 168728
⑤ 169857 ⑥ 223080 ⑦ 271104 ⑧ 268464
⑨ 234818

71~10

① 79278 ② 390390 ③ 158372 ④ 591828
⑤ 575232 ⑥ 236682 ⑦ 755832 ⑧ 196308
⑨ 166988

72~01
① 80730 ② 146160 ③ 368712 ④ 655188
⑤ 446982 ⑥ 270504 ⑦ 100283 ⑧ 632925
⑨ 517916

72~02
① 432249 ② 97510 ③ 771490 ④ 409754
⑤ 256190 ⑥ 398991 ⑦ 417775 ⑧ 315360
⑨ 205390

72~03
① 328851 ② 400026 ③ 437552 ④ 259011
⑤ 238736 ⑥ 486875 ⑦ 98552 ⑧ 171962
⑨ 165325

72~04
① 95425 ② 351680 ③ 267900 ④ 343674
⑤ 713091 ⑥ 546777 ⑦ 745542 ⑧ 443091
⑨ 384480

72~05
① 218364 ② 421316 ③ 254272 ④ 445656
⑤ 264992 ⑥ 450072 ⑦ 209934 ⑧ 273768
⑨ 271082

72~06
① 93198 ② 333344 ③ 392200 ④ 484329
⑤ 587629 ⑥ 388066 ⑦ 559879 ⑧ 892664
⑨ 327405

72~07
① 41595 ② 137605 ③ 435936 ④ 102363
⑤ 339873 ⑥ 598228 ⑦ 425034 ⑧ 566296
⑨ 748890

72~08
① 105716 ② 105120 ③ 130232 ④ 206058
⑤ 612048 ⑥ 427754 ⑦ 303232 ⑧ 651276
⑨ 203776

72~09
① 233208 ② 292528 ③ 126192 ④ 366850
⑤ 565796 ⑥ 402210 ⑦ 273764 ⑧ 379610
⑨ 231012

72~10
① 45756 ② 179916 ③ 114972 ④ 405711
⑤ 401302 ⑥ 186967 ⑦ 639292 ⑧ 456966
⑨ 201778

73~01
① 92493　② 404032　③ 403908　④ 399168
⑤ 438060　⑥ 421580　⑦ 783405　⑧ 251979
⑨ 760944

73~06
① 87884　② 249678　③ 671688　④ 364766
⑤ 424252　⑥ 474338　⑦ 816024　⑧ 198627
⑨ 224096

73~02
① 350208　② 169109　③ 125952　④ 543490
⑤ 342540　⑥ 679728　⑦ 299115　⑧ 121401
⑨ 205574

73~07
① 140836　② 235596　③ 364798　④ 291678
⑤ 841750　⑥ 424576　⑦ 636285　⑧ 382309
⑨ 755170

73~03
① 101618　② 205860　③ 196112　④ 260172
⑤ 290472　⑥ 757750　⑦ 677908　⑧ 312208
⑨ 88303

73~08
① 150388　② 215272　③ 282452　④ 444314
⑤ 249738　⑥ 622432　⑦ 235375　⑧ 861840
⑨ 171912

73~04
① 231475　② 223647　③ 328008　④ 259856
⑤ 281972　⑥ 723975　⑦ 764567　⑧ 721395
⑨ 218868

73~09
① 81656　② 748548　③ 697950　④ 455534
⑤ 132727　⑥ 187308　⑦ 499365　⑧ 95040
⑨ 280120

73~05
① 91392　② 318573　③ 191896　④ 749832
⑤ 278663　⑥ 402187　⑦ 89133　⑧ 150380
⑨ 615524

73~10
① 454666　② 108108　③ 566868　④ 322608
⑤ 385251　⑥ 330673　⑦ 159978　⑧ 82156
⑨ 172244

74~01

① 96　② 43　③ 92　④ 93　⑤ 98
⑥ 91　⑦ 75　⑧ 87　⑨ 78　⑩ 75
⑪ 74　⑫ 97　⑬ 70　⑭ 76　⑮ 89
⑯ 77

74~02

① 34　② 52　③ 35　④ 89　⑤ 82
⑥ 77　⑦ 59　⑧ 73　⑨ 89　⑩ 77
⑪ 78　⑫ 76　⑬ 27　⑭ 86　⑮ 73
⑯ 89

74~03

① 82　② 67　③ 75　④ 83　⑤ 85
⑥ 95　⑦ 89　⑧ 72　⑨ 64　⑩ 89
⑪ 33　⑫ 36　⑬ 54　⑭ 61　⑮ 61
⑯ 49

74~04

① 60　② 78　③ 133　④ 124　⑤ 69
⑥ 76　⑦ 84　⑧ 76　⑨ 56　⑩ 76
⑪ 92　⑫ 69　⑬ 70　⑭ 73　⑮ 87
⑯ 39

74~05

① 74　② 71　③ 75　④ 72　⑤ 68
⑥ 78　⑦ 86　⑧ 92　⑨ 81　⑩ 62
⑪ 34　⑫ 87　⑬ 77　⑭ 78　⑮ 61
⑯ 43

74~06

① 55　② 69　③ 46　④ 68　⑤ 86
⑥ 89　⑦ 60　⑧ 77　⑨ 72　⑩ 47
⑪ 63　⑫ 76　⑬ 34　⑭ 73　⑮ 76
⑯ 32

74~07

① 53　② 97　③ 79　④ 58　⑤ 46
⑥ 15　⑦ 68　⑧ 84　⑨ 99　⑩ 67
⑪ 65　⑫ 68　⑬ 49　⑭ 59　⑮ 80
⑯ 91

74~08

① 48　② 53　③ 64　④ 89　⑤ 24
⑥ 86　⑦ 49　⑧ 38　⑨ 49　⑩ 38
⑪ 77　⑫ 74　⑬ 83　⑭ 99　⑮ 57
⑯ 26

74~09

① 76　② 31　③ 12　④ 37　⑤ 64
⑥ 58　⑦ 36　⑧ 85　⑨ 49　⑩ 53
⑪ 57　⑫ 78　⑬ 33　⑭ 77　⑮ 54
⑯ 92

74~10

① 67　② 90　③ 91　④ 52　⑤ 46
⑥ 97　⑦ 39　⑧ 29　⑨ 77　⑩ 51
⑪ 96　⑫ 45　⑬ 14　⑭ 24　⑮ 42
⑯ 38

75~01
① 86…3 ② 53…3 ③ 48…6 ④ 58…8 ⑤ 88…4
⑥ 16…2 ⑦ 25 ⑧ 38…7 ⑨ 73…1 ⑩ 87…2
⑪ 91…5 ⑫ 68 ⑬ 88…3 ⑭ 50…4 ⑮ 83…7
⑯ 82…1

75~02
① 43…1 ② 80…3 ③ 75…4 ④ 74…2 ⑤ 42
⑥ 57…5 ⑦ 27…5 ⑧ 40…3 ⑨ 24…5 ⑩ 91…2
⑪ 59…1 ⑫ 54…1 ⑬ 62…1 ⑭ 78…2 ⑮ 96…3
⑯ 74…4

75~03
① 29 ② 51…7 ③ 86…2 ④ 64…2 ⑤ 76…2
⑥ 51…1 ⑦ 86…1 ⑧ 64…3 ⑨ 87…3 ⑩ 30
⑪ 54 ⑫ 126 ⑬ 31…2 ⑭ 40…2 ⑮ 85…4
⑯ 44…4

75~04
① 46 ② 68…5 ③ 62…1 ④ 89…7 ⑤ 36
⑥ 58…3 ⑦ 24…2 ⑧ 28…1 ⑨ 64…2 ⑩ 89…2
⑪ 65…2 ⑫ 34…2 ⑬ 83…1 ⑭ 98 ⑮ 98…1
⑯ 93…6

75~05
① 62…2 ② 58…1 ③ 15…4 ④ 36…2 ⑤ 48…3
⑥ 89…6 ⑦ 28…2 ⑧ 97…1 ⑨ 29…2 ⑩ 86…1
⑪ 33…2 ⑫ 87…1 ⑬ 77…1 ⑭ 96…2 ⑮ 76…6
⑯ 76

75~06
① 34 ② 79…2 ③ 68…3 ④ 36…5 ⑤ 48…3
⑥ 21…5 ⑦ 37…1 ⑧ 29 ⑨ 57…3 ⑩ 43…3
⑪ 78…7 ⑫ 17…2 ⑬ 61…5 ⑭ 54…1 ⑮ 92
⑯ 87…1

75~07
① 76 ② 97 ③ 29…4 ④ 89…1 ⑤ 94…3
⑥ 64…4 ⑦ 77…4 ⑧ 27 ⑨ 73…1 ⑩ 89
⑪ 13…7 ⑫ 75…6 ⑬ 64…5 ⑭ 29…2 ⑮ 87…1
⑯ 69

75~08
① 39…2 ② 46…3 ③ 69…1 ④ 89 ⑤ 79…5
⑥ 86…3 ⑦ 82…2 ⑧ 74…1 ⑨ 87…3 ⑩ 98…5
⑪ 97…3 ⑫ 95…2 ⑬ 97…1 ⑭ 85…1 ⑮ 99…3
⑯ 49…3

75~09
① 44…4 ② 54…1 ③ 65…6 ④ 87…3 ⑤ 92…2
⑥ 49…2 ⑦ 85…1 ⑧ 96…3 ⑨ 57 ⑩ 49…4
⑪ 98 ⑫ 71…2 ⑬ 42…6 ⑭ 49…2 ⑮ 82…1
⑯ 91…2

75~10
① 87…1 ② 55…3 ③ 85…3 ④ 75…4 ⑤ 89
⑥ 53…2 ⑦ 89…2 ⑧ 79 ⑨ 38…2 ⑩ 38…1
⑪ 76…1 ⑫ 32…4 ⑬ 69…3 ⑭ 94…1 ⑮ 58…1
⑯ 75

76~01
① 32…22 ② 14…16 ③ 23…31 ④ 21…21 ⑤ 11…1
⑥ 26…5 ⑦ 42…20 ⑧ 16…20 ⑨ 19…26 ⑩ 39…2
⑪ 14…16 ⑫ 48 ⑬ 15…12 ⑭ 17…47 ⑮ 26…1
⑯ 41…8

76~06
① 16…2 ② 18…25 ③ 30…16 ④ 12…26 ⑤ 33…9
⑥ 17…25 ⑦ 33…2 ⑧ 13…41 ⑨ 14…5 ⑩ 20…5
⑪ 38…6 ⑫ 78…10 ⑬ 67 ⑭ 54…5 ⑮ 22…21
⑯ 64…1

76~02
① 13…35 ② 24…33 ③ 12…48 ④ 42…5 ⑤ 16…20
⑥ 27…5 ⑦ 20…7 ⑧ 13…2 ⑨ 14…48 ⑩ 10…27
⑪ 29…10 ⑫ 13…18 ⑬ 11…11 ⑭ 15…9 ⑮ 14…4
⑯ 11…67

76~07
① 17…18 ② 12…54 ③ 25…30 ④ 28 ⑤ 14…18
⑥ 37…14 ⑦ 26…23 ⑧ 42…12 ⑨ 34…5 ⑩ 36…14
⑪ 26…17 ⑫ 62 ⑬ 22…20 ⑭ 16…1 ⑮ 15…29
⑯ 48…7

76~03
① 65 ② 18…26 ③ 19…21 ④ 14…15 ⑤ 13…15
⑥ 12…56 ⑦ 10…23 ⑧ 12…9 ⑨ 25…4 ⑩ 17…9
⑪ 12…19 ⑫ 14…26 ⑬ 10…44 ⑭ 11…46 ⑮ 11…20
⑯ 20

76~08
① 13…1 ② 15…13 ③ 22…3 ④ 27…11 ⑤ 20…24
⑥ 17…5 ⑦ 17…3 ⑧ 15…5 ⑨ 12…29 ⑩ 30…3
⑪ 17…17 ⑫ 17…37 ⑬ 14…4 ⑭ 16…2 ⑮ 13…9
⑯ 31…3

76~04
① 18…20 ② 20…14 ③ 17…29 ④ 18…18 ⑤ 15…8
⑥ 11…12 ⑦ 17…27 ⑧ 18 ⑨ 15…9 ⑩ 12…57
⑪ 73…6 ⑫ 42…1 ⑬ 18…21 ⑭ 18…25 ⑮ 54
⑯ 14…30

76~09
① 15…19 ② 22…13 ③ 14…17 ④ 22…26 ⑤ 15…13
⑥ 68…6 ⑦ 43 ⑧ 13…40 ⑨ 49…6 ⑩ 19…19
⑪ 56…7 ⑫ 26…12 ⑬ 28…5 ⑭ 11…2 ⑮ 12…30
⑯ 19…8

76~05
① 11…43 ② 13…13 ③ 19…15 ④ 11…34 ⑤ 37…2
⑥ 17…11 ⑦ 28…4 ⑧ 12…13 ⑨ 28…18 ⑩ 36…9
⑪ 23…30 ⑫ 68…10 ⑬ 47…14 ⑭ 37…17 ⑮ 17…37
⑯ 22…13

76~10
① 16…6 ② 31…2 ③ 22…8 ④ 11…23 ⑤ 35…4
⑥ 18…39 ⑦ 13…2 ⑧ 28…28 ⑨ 10…40 ⑩ 12…53
⑪ 37…4 ⑫ 20…15 ⑬ 83 ⑭ 29…8 ⑮ 28…25
⑯ 21…2

77~01
① 51…11 ② 15…19 ③ 17…35 ④ 32…14 ⑤ 13…50
⑥ 51　　 ⑦ 21　　 ⑧ 26…6 ⑨ 24…28 ⑩ 13…25
⑪ 17…17 ⑫ 79…5 ⑬ 18…37 ⑭ 23…20 ⑮ 31…2
⑯ 28…6

77~06
① 20…29 ② 16…22 ③ 23…30 ④ 14…1 ⑤ 12
⑥ 11…52 ⑦ 12…53 ⑧ 13　　 ⑨ 16…9 ⑩ 10…64
⑪ 22…19 ⑫ 35…2 ⑬ 18　　 ⑭ 39…18 ⑮ 28…24
⑯ 32…17

77~02
① 16…2　　 ② 18…25 ③ 20…26 ④ 13…35 ⑤ 33…10
⑥ 17…25 ⑦ 33…2 ⑧ 14…47 ⑨ 11…34 ⑩ 31…5
⑪ 38…6　　 ⑫ 79　　 ⑬ 51…4 ⑭ 53…6 ⑮ 18…39
⑯ 64…1

77~07
① 26…17 ② 23…11 ③ 22…12 ④ 62…5 ⑤ 12…12
⑥ 14…8　　 ⑦ 12…53 ⑧ 19…28 ⑨ 30…18 ⑩ 42…2
⑪ 12…29 ⑫ 17…6 ⑬ 14…35 ⑭ 12…28 ⑮ 23…22
⑯ 13…1

77~03
① 21…26 ② 19…15 ③ 68…8　 ④ 20…23 ⑤ 31…16
⑥ 16…27 ⑦ 41…6　 ⑧ 15…27 ⑨ 15…10 ⑩ 33…3
⑪ 18…20 ⑫ 18…39 ⑬ 13…37 ⑭ 78…7 ⑮ 13…9
⑯ 31…3

77~08
① 28　　 ② 16…12 ③ 18…18 ④ 15…49 ⑤ 30…8
⑥ 60…6　 ⑦ 47…10 ⑧ 23…20 ⑨ 15…6 ⑩ 18…18
⑪ 16…12 ⑫ 11…56 ⑬ 23…34 ⑭ 33…4 ⑮ 23…7
⑯ 40…2

77~04
① 17…18 ② 12…54 ③ 23…20 ④ 27…28 ⑤ 23…19
⑥ 33…15 ⑦ 25…30 ⑧ 33…9　 ⑨ 18…2 ⑩ 43…18
⑪ 44…6　 ⑫ 51…10 ⑬ 21…21 ⑭ 77…8 ⑮ 15…29
⑯ 48…7

77~09
① 58…10 ② 22　　 ③ 21…11 ④ 16…16 ⑤ 13…52
⑥ 14…42 ⑦ 16　　 ⑧ 20…20 ⑨ 19…23 ⑩ 18…32
⑪ 17　　 ⑫ 14…16 ⑬ 32…8 ⑭ 11…34 ⑮ 18…25
⑯ 12…21

77~05
① 19…35 ② 10…17 ③ 16…11 ④ 40…2 ⑤ 14…26
⑥ 14…61 ⑦ 37…18 ⑧ 16…7 ⑨ 13…42 ⑩ 10…83
⑪ 14…42 ⑫ 17…31 ⑬ 17…36 ⑭ 19…22 ⑮ 19…14
⑯ 15…9

77~10
① 30…9 ② 31…5 ③ 19…29 ④ 22…19 ⑤ 18…33
⑥ 13…48 ⑦ 13…27 ⑧ 31…5 ⑨ 39…8 ⑩ 27…5
⑪ 18…1 ⑫ 17…26 ⑬ 29…23 ⑭ 43…11 ⑮ 24…8
⑯ 82…9

78~01
① 93…18 ② 94…65 ③ 76…53 ④ 212…16 ⑤ 92…17
⑥ 90…3 ⑦ 44…3 ⑧ 82…22 ⑨ 67…5 ⑩ 96…28
⑪ 85…75 ⑫ 87…69 ⑬ 33…41 ⑭ 76…12 ⑮ 76…5
⑯ 46…33

78~06
① 48…42 ② 60…32 ③ 31…13 ④ 52…28 ⑤ 52…14
⑥ 95…11 ⑦ 87…66 ⑧ 82…12 ⑨ 41 ⑩ 78…35
⑪ 35…29 ⑫ 47…16 ⑬ 27…27 ⑭ 67…46 ⑮ 76…14
⑯ 67…52

78~02
① 53…7 ② 73…62 ③ 31…28 ④ 49…11 ⑤ 39…28
⑥ 62…20 ⑦ 65…38 ⑧ 79…23 ⑨ 53…15 ⑩ 20…11
⑪ 89…44 ⑫ 85…13 ⑬ 44…11 ⑭ 18…41 ⑮ 39…2
⑯ 30…68

78~07
① 16…66 ② 28…4 ③ 72…16 ④ 62…10 ⑤ 36…47
⑥ 71…19 ⑦ 35…43 ⑧ 34…54 ⑨ 98…35 ⑩ 66…12
⑪ 57…1 ⑫ 67…56 ⑬ 49…42 ⑭ 38…56 ⑮ 58…49
⑯ 65…6

78~03
① 54…14 ② 82…37 ③ 16…39 ④ 26…53 ⑤ 38…4
⑥ 23…16 ⑦ 82…16 ⑧ 39…5 ⑨ 65…55 ⑩ 89…52
⑪ 21…4 ⑫ 27…88 ⑬ 20…83 ⑭ 60…24 ⑮ 61…29
⑯ 95…13

78~08
① 35…78 ② 68 ③ 38…30 ④ 82…20 ⑤ 99…51
⑥ 47…6 ⑦ 45…25 ⑧ 67…56 ⑨ 56…40 ⑩ 49…42
⑪ 25…54 ⑫ 94…5 ⑬ 40…66 ⑭ 83…11 ⑮ 58…12
⑯ 52…32

78~04
① 77…44 ② 56…9 ③ 59…14 ④ 46…54 ⑤ 18…31
⑥ 97…5 ⑦ 52…16 ⑧ 87…28 ⑨ 47…5 ⑩ 82…3
⑪ 92…46 ⑫ 77…26 ⑬ 47…84 ⑭ 55…19 ⑮ 89…76
⑯ 57…4

78~09
① 62…7 ② 41…49 ③ 59…39 ④ 39…35 ⑤ 67…42
⑥ 98…16 ⑦ 51…69 ⑧ 54…29 ⑨ 83…32 ⑩ 43…67
⑪ 96…5 ⑫ 93…18 ⑬ 72…59 ⑭ 84 ⑮ 38…55
⑯ 17…19

78~05
① 70…43 ② 48…2 ③ 34…25 ④ 27…80 ⑤ 55…53
⑥ 71…6 ⑦ 87…67 ⑧ 46…72 ⑨ 46…22 ⑩ 63…7
⑪ 55…34 ⑫ 51…11 ⑬ 20…15 ⑭ 66…32 ⑮ 37…2
⑯ 34…18

78~10
① 56…4 ② 39…71 ③ 15…33 ④ 60…14 ⑤ 62…21
⑥ 48…56 ⑦ 85…39 ⑧ 82…44 ⑨ 69…42 ⑩ 54…3
⑪ 59…15 ⑫ 84…18 ⑬ 35…28 ⑭ 50…62 ⑮ 34…80
⑯ 77…18

79~01
① 34…6 ② 51…9 ③ 65…24 ④ 50…10 ⑤ 48…22
⑥ 58…12 ⑦ 67…69 ⑧ 74…31 ⑨ 91…2 ⑩ 45…21
⑪ 58…16 ⑫ 69…24 ⑬ 27…11 ⑭ 46…20 ⑮ 54…39
⑯ 60…76

79~02
① 63…23 ② 79…81 ③ 39…32 ④ 45…26 ⑤ 65…43
⑥ 68…45 ⑦ 66…22 ⑧ 44…14 ⑨ 79…28 ⑩ 58…16
⑪ 78…29 ⑫ 78…22 ⑬ 79…53 ⑭ 89…50 ⑮ 95…54
⑯ 89…53

79~03
① 36…38 ② 59…16 ③ 26…4 ④ 74…18 ⑤ 61…34
⑥ 79…59 ⑦ 71…7 ⑧ 79…21 ⑨ 91…56 ⑩ 39…39
⑪ 61…11 ⑫ 33…16 ⑬ 26…55 ⑭ 37…25 ⑮ 43…30
⑯ 72…67

79~04
① 52　　② 53…17 ③ 89…12 ④ 70…36 ⑤ 81
⑥ 54…44 ⑦ 40…23 ⑧ 75…38 ⑨ 26…76 ⑩ 56…24
⑪ 92…45 ⑫ 71…30 ⑬ 84…26 ⑭ 73…11 ⑮ 72…27
⑯ 83…57

79~05
① 48…58 ② 94…7 ③ 41…6 ④ 65…54 ⑤ 52…26
⑥ 59…13 ⑦ 64…35 ⑧ 53…37 ⑨ 77…40 ⑩ 51…90
⑪ 79…5 ⑫ 26…46 ⑬ 51…1 ⑭ 25…29 ⑮ 72…67
⑯ 34…64

79~06
① 88…26 ② 85…5 ③ 37…17 ④ 30…39 ⑤ 23…48
⑥ 86…26 ⑦ 39…32 ⑧ 42…54 ⑨ 28…2 ⑩ 63…32
⑪ 71…23 ⑫ 85…37 ⑬ 48…69 ⑭ 29…53 ⑮ 48…67
⑯ 73…14

79~07
① 50…18 ② 96…35 ③ 37…40 ④ 47…50 ⑤ 81…22
⑥ 90…3 ⑦ 88…68 ⑧ 79…42 ⑨ 83…60 ⑩ 11…39
⑪ 79…63 ⑫ 70…64 ⑬ 83…16 ⑭ 85…14 ⑮ 61…19
⑯ 64…20

79~08
① 70…20 ② 79…74 ③ 68…37 ④ 85…9 ⑤ 60…30
⑥ 56…16 ⑦ 69…36 ⑧ 46…50 ⑨ 31…40 ⑩ 50…86
⑪ 66…74 ⑫ 80…43 ⑬ 62…26 ⑭ 86…18 ⑮ 47…33
⑯ 71…65

79~09
① 73…69 ② 77…41 ③ 71…16 ④ 56…4 ⑤ 72…42
⑥ 75…16 ⑦ 52…48 ⑧ 48…37 ⑨ 11…60 ⑩ 91…8
⑪ 72…19 ⑫ 34…16 ⑬ 71…8 ⑭ 46…20 ⑮ 50…38
⑯ 59…17

79~10
① 43…17 ② 29…2 ③ 93…25 ④ 23…70 ⑤ 82…34
⑥ 39…8 ⑦ 80…62 ⑧ 46…54 ⑨ 81…31 ⑩ 21…78
⑪ 64…45 ⑫ 72…23 ⑬ 81…21 ⑭ 54…2 ⑮ 39…30
⑯ 68

80~01
① 256 ② 49 ③ 189 ④ 84 ⑤ 4 ⑥ 10 ⑦ 7 ⑧ 2
⑨ 11 ⑩ 5 ⑪ 14 ⑫ 4 ⑬ 33 ⑭ 12 ⑮ 150 ⑯ 2
⑰ 7 ⑱ 52 ⑲ 6 ⑳ 34 ㉑ 38 ㉒ 23 ㉓ 108 ㉔ 21

80~02
① 15 ② 12 ③ 58 ④ 99 ⑤ 51 ⑥ 4 ⑦ 39 ⑧ 9
⑨ 10 ⑩ 28 ⑪ 4 ⑫ 9 ⑬ 675 ⑭ 15 ⑮ 48 ⑯ 4
⑰ 7 ⑱ 20 ⑲ 210 ⑳ 44 ㉑ 576 ㉒ 25 ㉓ 21 ㉔ 5

80~03
① 18 ② 6 ③ 30 ④ 24 ⑤ 47 ⑥ 5 ⑦ 52 ⑧ 9
⑨ 16 ⑩ 24 ⑪ 1 ⑫ 7 ⑬ 30 ⑭ 45 ⑮ 2 ⑯ 8
⑰ 9 ⑱ 29 ⑲ 384 ⑳ 4 ㉑ 18 ㉒ 5 ㉓ 8 ㉔ 9

80~04
① 21 ② 56 ③ 29 ④ 64 ⑤ 40 ⑥ 3 ⑦ 144 ⑧ 9
⑨ 24 ⑩ 36 ⑪ 8 ⑫ 4 ⑬ 8 ⑭ 29 ⑮ 77 ⑯ 8
⑰ 7 ⑱ 114 ⑲ 11 ⑳ 38 ㉑ 14 ㉒ 162 ㉓ 12 ㉔ 8

80~05
① 20 ② 4 ③ 20 ④ 20 ⑤ 34 ⑥ 25 ⑦ 18 ⑧ 45
⑨ 44 ⑩ 2 ⑪ 4 ⑫ 31 ⑬ 17 ⑭ 24 ⑮ 54 ⑯ 49
⑰ 14 ⑱ 56 ⑲ 9 ⑳ 13 ㉑ 9 ㉒ 5 ㉓ 55 ㉔ 6

80~06
① 40 ② 140 ③ 42 ④ 12 ⑤ 16 ⑥ 35 ⑦ 6 ⑧ 45
⑨ 3 ⑩ 25 ⑪ 46 ⑫ 60 ⑬ 9 ⑭ 11 ⑮ 21 ⑯ 30
⑰ 21 ⑱ 210 ⑲ 14 ⑳ 9 ㉑ 8 ㉒ 24 ㉓ 45 ㉔ 25

80~07
① 20 ② 18 ③ 5 ④ 18 ⑤ 63 ⑥ 6 ⑦ 13 ⑧ 40
⑨ 90 ⑩ 12 ⑪ 13 ⑫ 144 ⑬ 90 ⑭ 14 ⑮ 20 ⑯ 14
⑰ 55 ⑱ 17 ⑲ 9 ⑳ 36 ㉑ 120 ㉒ 5 ㉓ 29 ㉔ 13

80~08
① 4 ② 53 ③ 27 ④ 14 ⑤ 64 ⑥ 4 ⑦ 14 ⑧ 9
⑨ 39 ⑩ 3 ⑪ 416 ⑫ 72 ⑬ 72 ⑭ 19 ⑮ 4 ⑯ 79
⑰ 24 ⑱ 60 ⑲ 24 ⑳ 34 ㉑ 120 ㉒ 7 ㉓ 12 ㉔ 16

80~09
① 24 ② 35 ③ 40 ④ 9 ⑤ 28 ⑥ 90 ⑦ 10 ⑧ 119
⑨ 108 ⑩ 7 ⑪ 14 ⑫ 26 ⑬ 72 ⑭ 45 ⑮ 20 ⑯ 16
⑰ 40 ⑱ 14 ⑲ 8 ⑳ 25 ㉑ 15 ㉒ 24 ㉓ 35 ㉔ 14

80~10
① 14 ② 7 ③ 126 ④ 288 ⑤ 16 ⑥ 7 ⑦ 16 ⑧ 6
⑨ 5 ⑩ 135 ⑪ 20 ⑫ 3 ⑬ 6 ⑭ 28 ⑮ 21 ⑯ 17
⑰ 21 ⑱ 61 ⑲ 9 ⑳ 57 ㉑ 135 ㉒ 14 ㉓ 22 ㉔ 25

자연수의 곱셈과 나눗셈 (완성)

1. 혜원이는 타자를 1분에 297자 칩니다. 혜원이가 4시간 동안 칠 수 있는 글자는 몇 자입니까?

   식: 답: 자

2. 장난감 비행기 1대의 무게는 638g이고, 장난감 자동차의 무게는 비행기의 무게보다 240g 더 가볍습니다. 장난감 비행기 127대와 장난감 자동차 1대의 무게는 모두 몇 g입니까?

   식: 답: g

3. 석유 436L가 든 통이 584개 있습니다. 석유는 모두 몇 L입니까?

   식: 답: L

4. 1개에 683원인 사과를 293개 팔고, 1개에 213원인 귤을 183개 팔았습니다. 사과와 귤의 값은 모두 얼마입니까?

식: 　　　　　　　　　　　　　　　답: 　　　　　원

5. 경주는 매일 213m인 운동장을 3바퀴씩 달립니다. 1주일 동안 달린 거리는 모두 몇 m입니까?

식: 　　　　　　　　　　　　　　　답: 　　　　　m

6. 어느 공장에서 볼펜 한 자루를 만드는 데 필요한 재료비는 289원입니다. 볼펜 한 자루를 500원에 팔면, 볼펜 347자루를 팔아 얻는 재료비를 뺀 순이익은 얼마입니까?

식: 　　　　　　　　　　　　　　　답: 　　　　　원

7. 참치 통조림 한 캔의 무게는 **769g**입니다. 빈 캔의 무게가 **121g**이면, 통조림 **852**캔에 든 참치의 무게는 몇 **g**입니까?

식: 답: g

8. 한 상자에 사탕 **474**개가 든 상자가 **943**상자 있습니다. 상자에 든 사탕은 모두 몇 개입니까?

식: 답: 개

9. 은영이는 하루에 **239**번씩 줄넘기를 하였습니다. 은영이가 **2**년 동안 한 줄넘기는 모두 몇 번입니까? (1년은 **365**일 입니다.)

식: 답: 번

10. 휴지 한 통에는 휴지가 **856**장 들어 있습니다. **472**통에는 휴지가 모두 몇 장 들어 있습니까?

　　　식: ＿＿＿＿＿＿＿＿＿＿　　답: ＿＿＿＿ 장

11. 명희는 한 자루에 **582**원 하는 연필을 **694**자루 샀습니다. 명희가 내야 할 연필값은 모두 얼마입니까?

　　　식: ＿＿＿＿＿＿＿＿＿＿　　답: ＿＿＿＿ 원

12. 하나의 길이가 **985cm**인 리본이 있습니다. 이 리본 **428**개의 길이는 리본 **300**개의 길이보다 몇 **cm** 더 깁니까?

　　　식: ＿＿＿＿＿＿＿＿＿＿　　답: ＿＿＿＿ cm

13. 색종이 246장을 3명의 학생이 똑같이 나누어 가지려고 합니다. 한 사람이 갖게 되는 색종이는 몇 장입니까?

식 :　　　　　　　　　　　　　　　　답:　　　　장

14. 아라네 학교 학생 712명이 8모둠으로 나누어 소풍을 가려고 합니다. 한 모둠에 속하는 학생은 몇 명입니까?

식 :　　　　　　　　　　　　　　　　답:　　　　명

15. 어떤 수를 9로 나누면 77로 나누어 떨어진다고 합니다. 어떤 수는 얼마입니까?

식 :　　　　　　　　　　　　　　　　답:

16.　귤 225상자를 트럭 3대에 똑같이 나누어 실으려고 합니다. 한 대에 몇 상자씩 실을 수 있습니까?

식: _____　　답: _____ 상자

17.　리본 한 개를 만드는 데 색 테이프 9cm가 필요합니다. 색 테이프 754cm로 리본 몇 개를 만들고 몇 cm가 남습니까?

식: _____　　답: ____ 개　 ____ cm

18.　1년은 365일 입니다. 1095일은 몇 년입니까?

식: _____　　답: _____ 년

19. 감자 530개를 한 봉지에 9개씩 담으려고 합니다. 몇 봉지에 담고 몇 개가 남습니까?

식: _____　　　답: 　　　봉지　　　　개

20. 꽃가게에서 백합 657송이를 8송이씩 묶어서 팔려고 합니다. 몇 묶음이 되고 몇 송이가 남습니까?

식: _____　　　답: 　　　묶음　　　　송이

21. 쿠키 854개가 있습니다. 이 중에서 22개를 먹고, 나머지는 한 상자에 26개씩 담으려고 합니다. 몇 상자에 담을 수 있습니까?

식: _____　　　답: 　　　상자

22. 가로가 947cm인 벽면에 가로가 86cm인 타일을 붙이려고 합니다. 몇 장의 타일을 붙일 수 있고 몇 cm가 남습니까?

식: _____　　답: _____ 장 _____ cm

23. 길이가 650cm인 색 테이프를 한 도막이 25cm가 되도록 잘라 낱개로 만들려고 합니다. 25cm짜리 낱개 색 테이프를 한 상자에 2개씩 담으면 몇 상자가 됩니까?

식: _____　　답: _____ 상자

24. 색연필 938자루를 한 상자에 24자루씩 담으려고 합니다. 몇 상자에 담고 몇 자루가 남습니까?

식: _____　　답: _____ 상자 _____ 자루

25. 수민이네 과수원에서는 포도 674송이를 한 상자에 13송이씩 포장하여 팔려고 합니다. 몇 상자에 담고 몇 송이가 남습니까?

식: 　　　　　　　　　　답: 　　상자　　송이

26. 494장의 그림 카드를 한 상자에 15장씩 담으려고 합니다. 몇 상자에 담고 몇 장이 남습니까?

식: 　　　　　　　　　　답: 　　상자　　장

27. 953㎖의 음료수 중에서 5㎖를 마시고 12잔에 나눠 따르려고 합니다. 한 잔에 몇 ㎖씩 따를 수 있습니까?

식: 　　　　　　　　　　답: 　　㎖

28. 어느 건물의 창문에 별 모양 장식을 붙이려고 합니다. 창문 하나에 장식 16개를 붙인다면, 장식 422개로 창문 몇 장을 장식할 수 있고, 몇 개가 남습니까?

식:　　　　　　　　　　　　답:　　　장　　　개

29. 다음 숫자 카드를 한 번씩 이용하여 가장 큰 수를 가장 작은 수로 나누고 몫과 나머지를 쓰시오.

7	0	2	0

식:　　　　　　　　　　　　답: 몫:　　　나머지

30. 운동회에서 사용할 2974개의 콩주머니를 36명의 학생에게 나누어 주려고 합니다. 한 사람당 몇 개씩 가지게 되고 몇 개가 남습니까?

식:　　　　　　　　　　　　답:　　　개　　　개

31. 공장에서 만든 비누 6420개를 한 상자에 73개씩 담으려고 합니다. 몇 상자에 담고 몇 개가 남습니까?

식: 　　　　　　　　　　답: 　　상자　　　개

32. 어느 초등학교의 학년별 학급은 11개씩 입니다. 동화책 2186권을 학급별로 나누어 준다면, 몇 권씩 주고 몇 권이 남습니까?

식: 　　　　　　　　　　답: 　　권　　　권

33. 빨간색 페인트 3466L와 흰색 페인트 3521L를 섞어 분홍색 페인트를 만들었습니다. 분홍색 페인트를 94L짜리 통에 나누어 담으면, 몇 통에 담고 몇 L가 남습니까?

식: 　　　　　　　　　　답: 　　통　　　L

34. 과수원에서 딴 5630개의 귤을 83상자에 나누어 담으려고 합니다. 몇 개씩 담고 몇 개가 남습니까?

식: _____ 답: ___ 개 ___ 개

35. 칼국수 1인분에 밀가루 26g이 들어갑니다. 밀가루 1191g으로는 몇 인분의 칼국수를 만들 수 있고, 몇 g이 남습니까?

식: _____ 답: ___ 인분 ___ g

36. 1488kg의 고기를 29덩어리로 나누려고 합니다. 몇 덩어리로 나누고 몇 kg이 남습니까?

식: _____ 답: ___ 덩어리 ___ kg

37. 어떤 학교의 3학년 학급은 9개가 있고, 한 학급당 학생 수는 28명입니다. 그런데 새로 4명이 전학을 왔습니다. 이 학교의 3학년 학생 수는 모두 몇 명입니까?

식: 답: 명

38. 남학생 12명과 여학생 16명이 사탕 56개를 나누어 먹으려고 합니다. 한 사람당 몇 개씩 먹을 수 있습니까?

식: 답: 개

39. 진아는 귤 19개 중 7개를 먹었습니다. 그런데 오빠가 진아가 먹은 귤 개수의 두 배만큼을 더 주었습니다. 진아가 가진 귤은 몇 개입니까?

식: 답: 개

5분 문장제　　　**자연수의 곱셈과 나눗셈 (완성)**

40. 구슬 19개가 든 주머니에서 구슬을 3개씩 5번 꺼냈습니다. 주머니에 남은 구슬은 몇 개입니까?

식: _____　　　답: 　　　개

41. 학생 수가 각 28명인 2학급을 4모둠으로 나누었습니다. 한 모둠은 몇 명입니까?

식: _____　　　답: 　　　명

42. 초콜릿 14개와 사탕 21개가 있습니다. 7명이 똑같이 나누어 먹으면, 한 명당 각각 몇 개씩 먹을 수 있습니까?

식: _____　　　답: 초콜릿 　　개, 사탕 　　개

① 식 $297 \times (4 \times 60) = 71280$
답 71280

② 식 $(638 \times 127) + (638 - 240)$
답 81424

③ 식 $436 \times 584 = 254624$
답 254624

④ 식 $(683 \times 293) + (213 \times 183)$
답 239098

⑤ 식 $(213 \times 3) \times 7 = 4473$
답 4473

⑥ 식 $(500 - 289) \times 347 = 73217$
답 73217

⑦ 식 $(769 - 121) \times 852 = 552096$
답 552096

⑧ 식 $474 \times 943 = 446982$
답 446982

⑨ 식 $239 \times (365 \times 2) = 174470$
답 174470

⑩ 식 $856 \times 472 = 404032$
답 404032

⑪ 식 $582 \times 694 = 403908$
답 403908

⑫ 식 $(985 \times 428) - (985 \times 300)$
답 126080

⑬ 식 $246 \div 3 = 82$
답 82

⑭ 식 $712 \div 8 = 89$
답 89

⑮ 식 $9 \times 77 = 693$
답 693

⑯ 식 $225 \div 3 = 75$
답 75

⑰ 식 $754 \div 9 = 83 \cdots 7$
답 83개 7cm

⑱ 식 $1095 \div 365 = 3$
답 3

⑲ 식 $530 \div 9 = 58 \cdots 8$
답 58봉지 8개

⑳ 식 $657 \div 8 = 82 \cdots 1$
답 82묶음 1송이

㉑ 식 $(854-22) \div 26 = 32$
　답 32

㉒ 식 $947 \div 86 = 11 \cdots 1$
　답 11장 1cm

㉓ 식 $(650 \div 25) \div 2 = 13$
　답 13

㉔ 식 $938 \div 24 = 39 \cdots 2$
　답 39상자 2자루

㉕ 식 $674 \div 13 = 51 \cdots 11$
　답 51상자 11송이

㉖ 식 $494 \div 15 = 32 \cdots 14$
　답 32상자 14장

㉗ 식 $(953-5) \div 12 = 79$
　답 79

㉘ 식 $422 \div 16 = 26 \cdots 6$
　답 26장 6개

㉙ 식 $7200 \div 27 = 266 \cdots 18$
　답 몫266 나머지18

㉚ 식 $2974 \div 36 = 82 \cdots 22$
　답 82개, 22개

㉛ 식 $6420 \div 73 = 87 \cdots 69$
　답 87상자 69개

㉜ 식 $2186 \div (6 \times 11) = 33 \cdots 8$
　답 33권, 8권

㉝ 식 $(3466+3521) \div 94 = 74 \cdots 31$
　답 74통 31L

㉞ 식 $5630 \div 83 = 67 \cdots 69$
　답 67개, 69개

㉟ 식 $1191 \div 26 = 45 \cdots 21$
　답 45인분 21g

㊱ 식 $1488 \div 29 = 51 \cdots 9$
　답 51덩어리 9kg

㊲ 식 $9 \times 28 + 4 = 256$
　답 256

㊳ 식 $56 \div (12+16) = 2$
　답 2

㊴ 식 $19-7+(7 \times 2) = 26$
　답 26

㊵ 식 $19-(3 \times 5) = 4$
　답 4

㊶ 식 $28 \times 2 \div 4 = 14$
　답 14

㊷ 식 $14 \div 7 = 2 \, / \, 21 \div 7 = 3$
　답 초콜릿 2개, 사탕 3개